W0102727

SCHÖNE KATZEN

PORTRÄTS
ausgezeichneter
RASSEN

SCHÖNE KATZEN

PORTRÄTS *ausgezeichneter* RASSEN

von DARLENE ARDEN & NICK MAYS
fotografiert von ANDREW PERRIS

Copyright © 2014 by Ivy Press Limited

This book was conceived, designed and produced by
Ivy Press
210 High Street, Lewes, East Sussex, BN7 2NS, UK

Copyright für die deutsche Ausgabe
© LV·Buch im Landwirtschaftsverlag GmbH, Münster-Hiltrup, 2014

Das Werk einschließlich aller seiner Teile ist urheberrechtlich geschützt. Jede Verwertung außerhalb der engen Grenzen des Urheberrechtsgesetzes ist ohne Zustimmung des Verlages unzulässig und strafbar. Das gilt insbesondere für Vervielfältigungen, Übersetzungen und die Einspeicherung und Verarbeitung in elektronischen Systemen.

Fotos: Andrew Perris
       Außer: Seite 7: Aceshot1/Shutterstock
              Seite 8: Pete Pahham/Shutterstock
              Seite 9: Prisma Archivo/Alamy
              Seite 10: Liszt Collection/Alamy
              Seite 11: Hulton-Deutsch Collection/Corbis

Illustrationen: David Anstey
Gestaltung: Ginny Zeal
Übersetzung: Dorothea Raspe, Münster

ISBN 978-3-7843-5259-6

INHALT

Einführung 7

DIE KATZEN 14

REPORTAGE 96

Glossar 110

Verbände/Danksagung 110

Index 111

EINFÜHRUNG

Gibt es etwas Schöneres auf der Welt als eine Katze? Ob sie sich bewegt, schläft oder absolut still sitzt – es ist herrlich, eine Katze zu beobachten. Selbst der hässlichsten Katze gelingt es, lebendige Eleganz und Anmut auszustrahlen. Katzen sind die Begleiter, die ruhig neben einem sitzen, sich im Schoß zusammenrollen oder einen mit ihrem Verhalten zum Lachen bringen.

Das Schnurren einer Katze besitzt Heilkräfte sowohl für die Katze selbst als auch für ihre Besitzer. Ihr wunderbar weiches Fell eignet sich zum Streicheln und Schmusen und ihre Sandpapierküsse sind unvergesslich.

Es gibt Katzen in den unterschiedlichsten Größen, Formen und Farben. Ihre Persönlichkeiten unterscheiden sich ebenso wie ihre Stimmen. Einige Katzen sind eher lautstark und erzählen gerne, wie sie den Tag verbracht haben. Andere miauen quasi lautlos – ihr Maul öffnet sich, aber die Tonlage ist so hoch, dass das menschliche Ohr es nicht hören kann.

Katzen machen gelegentlich massierende Bewegungen mit ihren Pfoten auf

Der Anblick einer zufriedenen Katze ist sehr beruhigend. Es ist schwierig, angespannt zu sein, wenn man eine schlafende Katze beobachtet.

dem Schoß ihrer Besitzer, die oftmals nicht verstehen, weshalb. Mit genau diesen Bewegungen (dem sogenannten Milchtritt) haben sie als Kätzchen den Milchfluss ihrer Mutter angeregt. Es ist also ein Kompliment, wenn eine Katze sich so wohlfühlt, dass sie ein menschliches Wesen wie ihre Mutter behandelt. Es ist eine Form der Bindung und Liebe und demonstriert absolutes Vertrauen in die Beziehung. Ist es da verwunderlich, dass Katzen seit Jahrhunderten bei Menschen äußerst beliebt sind?

Ob sie gespannt auf die Rückkehr ihrer Besitzer von der Arbeit warten, ihnen von Zimmer zu Zimmer folgen oder bei der Wäsche „helfen" – Katzen sind nicht die unnahbaren Kreaturen, als die sie von Beobachtern bezeichnet werden, die sie nur nicht verstehen. Im Gegenteil: Sie wollen bei ihren Familien sein, und wenn sie nicht gerade schlafen – was erwachsene Tiere den Großteil des Tages tun –, wollen sie genau dort sein, wo etwas los ist, auch wenn die Familienmitglieder nur lesen oder fernsehen. Eine Katze ist eine Begleiterin für jede Gelegenheit.

DIE ENTWICKLUNG DER KATZEN

Der wissenschaftliche Name der Katzenfamilie lautet *Felidae*. Traditionell ist sie in zwei Gattungen unterteilt: die Großkatzen *Pantherinae*, zu denen Löwen, Tiger, Jaguare und Leoparden gehören, und die Kleinkatzen *Felinae* mit Ozelots, Pumas, Luchsen, Wild- und Hauskatzen. In prähistorischen Zeiten gab es ferner Säbelzahnkatzen aus einer inzwischen ausgestorbenen dritten Unterfamilie der *Felidae*, den *Machairodontinae*. Diese frühen Katzen waren – genau wie die heutigen Hauskatzen – Carnivoren, fleischfressende Tiere.

Aufgrund genetischer Studien haben sich unsere Erkenntnisse über die Evolution der Katzen in den vergangenen Jahren extrem erweitert. Ein Artikel, der 2006 in der Zeitschrift „Science" erschien, unterteilte die Unterfamilien *Pantherinae* und *Felinae* in acht Hauptlinien. Die Forscher unter Leitung von Warren E. Johnson und Stephen J. O'Brien zeichneten einen Stammbaum und ordneten die verschiedenen Katzen diesen Linien zu.

Die erste Hauptlinie, die sich vor etwa 10,8 Millionen Jahren von den prähistorischen *Pseudaelurus*-Katzen abspaltete, waren die *Pantherinae* mit den Gattungen *Panthera*, *Neofelis* und *Uncia*. Aufgrund der einzigartigen Struktur ihres Kehlkopfes und ihres flexiblen Zungenbeins sind Löwen, Tiger, Jaguare und Leoparden die einzigen Katzen, die brüllen können.

Die Forscher vertraten zudem die Meinung, es habe mindestens zehn interkontinentale Migrationen dieser verschiedenen Katzenlinien gegeben. Da die Katzen ausgezeichnete Raubtiere waren, überlebten sie, wo auch immer sie hinwanderten. Eine der frühesten Migrationen fand vor etwa 8 bis 8,5 Millionen Jahren statt. Damals wanderten Katzen über die Beringia-Landbrücke von Asien nach Nordamerika. Im Gegenzug zogen direkte Vorfahren späterer Linien zurück nach Eurasien.

Die jüngste Linie, die sich entwickelte, war die Gattung *Felis*, zu der die Wildkatze *Felis silvestris* und die moderne Hauskatze *Felis catus* oder *Felis silvestris catus* gehören. Hauskatzen haben viel mit ihren wilden Vorfahren gemein, beispielsweise Beweglichkeit, Schnelligkeit und Jagdvermögen.

Wie ihr wilder Vorfahre ist die Hauskatze (Felis catus) oftmals ein agiler und erfolgreicher Jäger.

DIE GESCHICHTE VON KATZE UND MENSCH

Man geht davon aus, dass Katzen vor etwa 10 000 Jahren in Südwestasien begannen, an der Seite von Menschen zu leben. Der Ackerbau befand sich in seiner frühen Entwicklung, war aber schon verlockend für die Katzen. In der Nähe der Menschen fanden sie Nahrung in Form von Mäusen und Speiseresten. Ihre Fähigkeiten, die Nagetierpopulation niedrig zu halten, wird sicher für die Menschen hilfreich gewesen sein.

Den frühesten archäologischen Hinweis auf ein Zusammenleben bietet eine Grabstätte von etwa 7500 v. Chr. (Neolithikum) auf Zypern. Sie enthielt die Skelette eines Menschen und einer jungen Katze, die gleichzeitig begraben worden waren, und eine Reihe anderer Grabbeigaben.

Es ist allseits bekannt, dass Katzen im alten Ägypten als Gottheiten verehrt wurden. Die Ägypter glaubten, die Sonnenstrahlen würden nachts in den Augen der Katzen aufbewahrt. In ähnlicher Weise – aber nicht so extrem – wurden die Katzen im antiken Rom geschätzt: Sie waren die einzigen Tiere, die frei an den Tempeln herumlaufen durften.

In späteren Epochen europäischer Geschichte litten Katzen jedoch sehr unter den Menschen. Im Mittelalter galten Katzen als Verbündete des Teufels und wurden reihenweise getötet. Unglücklicherweise hatte dies schwerwiegende Konsequenzen während der großen Pestepidemien: Eine blühende Katzenpopulation hätte die Ratten töten können, die die infizierten Flöhe trugen – hätte nur jemand das erkannt! In der Renaissance glaubten viele Menschen, Katzen seien die Vertrauten der Hexen, was ebenfalls dazu führte, dass sie in großen Stückzahlen umgebracht wurden.

Man schätzt, dass vor etwa 2 000 Jahren die ersten Hauskatzen im Fernen Osten auftauchten. Dort entwickelte sich eine Reihe von ausgeprägt östlichen Rassen, darunter die Vorfahren der heutigen Khao Manee, Burma-, Siam- und Koratkatzen. Sie sind im „Tamra Maew" beschrieben, einer Sammlung von Katzengedichten, die ein buddhistischer Mönch in der Ayutthaya-Periode (14. bis 18. Jahrhundert) verfasst hat. Mit der Zeit wurden diese Rassen auch im Westen äußerst beliebt.

Katzen sind für einige Menschen mehr als nur Gefährten – im alten Ägypten wurden sie als Gottheiten verehrt.

EINE KURZE GESCHICHTE DER KATZENZUCHT

Ab dem späten 17. Jahrhundert standen Katzen im Westen wieder in der Gunst der Menschen. Sie wurden als Mäusefänger geschätzt und die Idee, sie seien Vertraute der Hexen, begann sich in die Sphäre von Folklore und Märchen zu verflüchtigen. Katzen übernahmen eine neue Rolle: Sie wurden zu wahren Haus- und Stubentieren.

In Großbritannien erreichten Katzen in der zweiten Hälfte des 19. Jahrhunderts die gleiche Stellung wie Haushunde, Kaninchen, Meerschweinchen, Mäuse und Ratten, die als mögliche Ausstellungstiere angesehen wurden. Und so begann die systematische Katzenzucht.

Zu den frühesten Moderassen gehörten RUSSISCH BLAU, SIAM- und – natürlich! – PERSERKATZEN. Offensichtlich gab es genug Interesse für die erste Katzenschau 1868 im Londoner Kristallpalast. Naturforscher und Katzenliebhaber Fred Wilson organisierte diese erste Ausstellung, auf der 65 Tiere gezeigt wurden und die ausgesprochen erfolgreich war.

Andere Ausstellungen folgten und die erste „offizielle" Katzenschau fand am 13. Juli 1871 statt. Sie wurde von dem bekannten Künstler Harrison Weir organisiert. Dieser gründete 1887 auch den National Cat Club und wurde dessen Präsident. Ein weiteres bekanntes Gründungsmitglied war der gefeierte Künstler Louis Wain, dessen Bilder von vermenschlichten Katzen noch stets bekannt und beliebt sind. Die alljährliche Schau des National Cat Club findet bis auf den heutigen Tag statt.

Man muss dabei anmerken, dass Katzenzucht und -ausstellungen eine Domäne der wohlhabenden Schichten der viktorianischen Gesellschaft waren. Dazu gehörten anfänglich beispielsweise Baroness Burdett Coutts und die Herzogin von Sutherland. Fotos früher Katzenschauen zeigen, wie die verhätschelten Miezekatzen auf Samtkissen sitzen oder von betuchten Ladies in teuren Kleidern und großen Hüten herumgeführt werden.

Charles Cruft, der die bekannten Hundeschauen organisierte, spielte kurz mit dem Gedanken, auch Katzen auszustellen. 1894 und 1895 wurden zwei Crufts für Katzen veranstaltet, aber da sie nicht profitabel waren, zog Cruft sich zurück.

Die Anfänge der Katzenschauen reichen bis ins späte 19. Jahrhundert zurück, hier eine Schau 1872 im Londoner Kristallpalast.

Andere Katzenclubs wurden gegründet, darunter erstmalig auch Zuchtverbände für einzelne Rassen. In Großbritannien agierte der National Cat Club als Hauptverband für die Registrierung aller Rassekatzen. Unstimmigkeiten führten jedoch zur Gründung rivalisierender Zuchtbücher. Die Probleme wurden gelöst, als 1910 alle Zuchtbücher im Governing Council of the Cat Fancy (GCCF) zusammengeführt wurden.

Der GCCF führt in Großbritannien bis heute das Hauptregister und über 15 Katzenvereine haben sich ihm angeschlossen. Er veranstaltet ferner eine jährliche Ausstellung, die Supreme Cat Show.

Die Entwicklung schwappte bald auch über den Atlantik. Aus der Chicago Cat Show von 1899 resultierte die Gründung des Chicago Cat Club und kurze Zeit später des mächtigen Beresford Cat Club, benannt nach Lady Marcus Beresford. Im Jahre 1906 wurde ein Zentralregister in der American Cat Association eröffnet, die zwei Jahre später ihren Namen in Cat Fanciers' Association, Inc, abgekürzt CFA, änderte und auch heute noch das wichtigste Katzenzuchtbuch der USA führt.

1949 schlossen sich verschiedene europäische Katzenzuchtbücher zur Fédération Internationale Féline (FIFe) zusammen, die heutzutage die größte Dachorganisation von Katzenzuchtverbänden weltweit ist.

1979 wurde ein neues internationales Register mit Sitz in den USA eröffnet, nämlich The International Cat Association (TICA), die inzwischen großen Einfluss hat und der weltweit viele Mitgliederclubs angehören.

Im 21. Jahrhundert gibt es Katzenclubs und -register auf der ganzen Welt und an jedem Wochenende finden an verschiedenen Orten Katzenschauen statt.

1994 wurde der World Cat Congress (WCC) als internationale Koordinationsorganisation für die größten Verbände weltweit gegründet. Der WCC gestaltet eine Politik der offenen Tür, bei der Katzen, die in einem Register geführt werden, auch nach den Regeln eines anderen Registers ausgestellt werden dürfen. Es ist unnötig zu erwähnen, dass dieser Ansatz nicht überall anerkannt wird und einige Verbände sich weigern, andere anzuerkennen. Den Katzen allerdings ist das völlig egal.

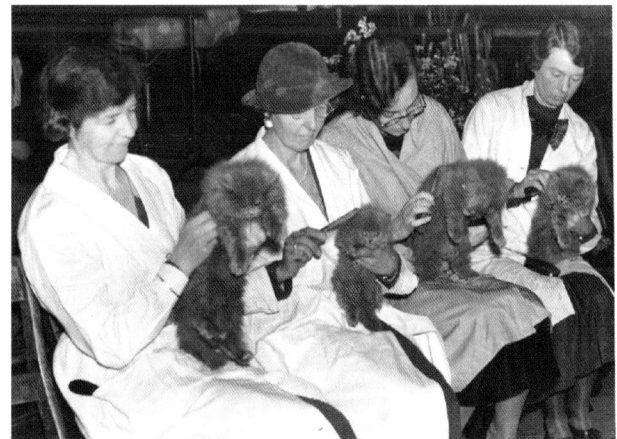

Vier Perserkatzen werden 1937 von ihren Besitzerinnen für die Schau in der Londoner Holy Trinity Hall gebürstet.

AUSSTELLUNGEN IM 21. JAHRHUNDERT

In Ihrem Leben als Katzenbesitzer mag es einen Punkt geben, an dem Sie glauben, es sei eine fantastische Idee, Ihre Katze in einer Ausstellung zu präsentieren – egal, ob Sie eine Rassekatze oder „nur" einen Stubentiger besitzen. Oh ja, normale Haustiere können sich (metaphorisch gesprochen) mit den höheren Schichten der Rassekatzen-Gesellschaft auf Augenhöhe begegnen, da quasi jede Katzenschau auch eine Klasse für „Hauskatzen" hat.

Es mag etwas beängstigend sein, zum ersten Mal an einer Ausstellung teilzunehmen, aber wie bei jeder neuen Aufgabe muss man sich vorab nur ein wenig erkundigen und dann einfach loslegen. Wenn Sie erst einmal die wesentlichen Informationen zur Schau habe – wo, wann, wie viel es kostet, welche Katze man vorstellt –, werden Sie sicher feststellen, dass es eine faszinierende und amüsante Erfahrung ist.

Die ersten Dinge, die Sie in Erfahrung bringen müssen, sind, wo die Schau stattfindet und welcher Club sie nach welchen Regeln veranstaltet. Heutzutage findet man diese Informationen zumeist im Internet: mit Veranstaltungsort, Meldeschluss und Kontaktadresse. Dabei hat jeder Club und jeder Verband seine eigenen Regeln, sodass wir hier nicht zu sehr ins Detail gehen. Normalerweise gibt es gerade für Neulinge spezielle Informationen.

Wie bei der Ausstellung bewertet wird, ist abhängig von den Regeln des jeweiligen Verbandes. Bei den Ausstellungen von CFA und TICA werden die Katzen beispielsweise den Preisrichtern durch die Besitzer oder spezielle Helfer, die Stewards, in einem Ring vorgeführt.

Bei GCCF-Ausstellungen geht der Richter von Käfig zu Käfig, um die Katzen zu begutachten. Dabei wird er von einem Steward begleitet. Später am Tag werden dann die Preise vergeben: Siegerschleifen oder -karten, Rosetten und manchmal sogar Preisgelder.

Nehmen Sie also einmal an einer Schau teil und schauen Sie, wie Ihre Katze abschneidet, aber denken Sie daran: Am Ende des Tages geht – egal, was die Richter sagen – die beste Katze, nämlich Ihre, mit Ihnen nach Hause.

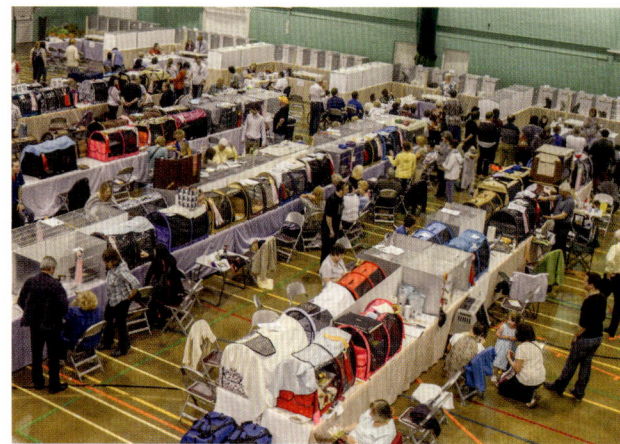
Ausstellungen sind amüsant, faszinierend und für alle offen – Rassekatzen oder Feld-Wald-und-Wiesenkater.

WORAUF DIE RICHTER ACHTEN

Sieht es nicht alles sehr kompliziert aus? Sie sind auf einer Katzenausstellung und beobachten die Preisrichter, wie sie in ihren weißen Kitteln herumgehen und die Katzen hochnehmen, ihre Hände durch das Fell gleiten lassen und ernsthaft mit ihren Stewards oder Assistenten reden, wobei ausführliche Notizen zu den Katzen gemacht werden. Wonach halten sie Ausschau? Wie werden die Katzen tatsächlich bewertet?

Jede Katzenrasse hat ihren eigenen „Standard", eine Beschreibung der Merkmale und Attribute, wie beispielsweise Körperform und Fell. Für diese Merkmale werden Punkte vergeben, die sich an der Idealkatze dieser Rasse orientieren. Die Rassestandards werden, in Abstimmung mit den Züchtern, von den einzelnen Zuchtverbänden festgelegt und sind über die Zeit korrigiert und weiterentwickelt worden.

Demzufolge begutachten die Preisrichter alle Tiere einer bestimmten Rasse auf der Suche nach der Katze, die den vorgegebenen Standards am ehesten entspricht. Dabei beurteilen sie ihren Körperbau und prüfen ihr Fell auf Farbe und Abzeichen. Sie werden auch kurz den allgemeinen Gesundheitszustand der Katze kontrollieren: Augen, Ohren, Zähne, Pfoten und Krallen, Beine, Schwanz … Selbstverständlich werden alle Katzen von einem Tierarzt untersucht, bevor sie überhaupt an der Ausstellung teilnehmen dürfen, aber manchmal wird eine Katze erst krank, nachdem die Schau begonnen hat. Dann entscheidet der diensthabende Tierarzt, ob die Katze weitermachen darf.

Bei größeren Ausstellungen treten die besten Katzen jeder Rasse (Best of Breed) oder der allgemeinen Kategorien (Langhaarkatzen, Orientalische Katzen usw.) gegeneinander an und der Siegerin wird der Titel „Best In Show" verliehen.

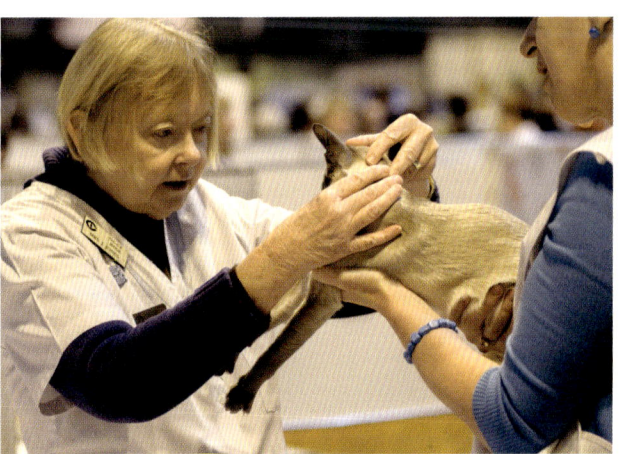

Eine Preisrichterin begutachtet die Katze sorgfältig, prüft ihren Gesundheitszustand und vergleicht sie mit dem Rassestandard.

In der Kategorie „Hauskatze" kann sich der Richter nicht auf einen Rassestandard beziehen, sondern sucht nach einer Katze, die gute Eigenschaften für ein Haustier hat: eine freundliche, glückliche oder hübsche Katze, die gesund ist, gerne angefasst wird und ansprechend präsentiert wird – egal ob sie getigert oder eine schwarze Langhaarkatze mit weißen Abzeichen ist.

DIE KATZEN

Gestreift, getupft oder getigert, Kurzhaar oder Langhaar, Kater oder Kätzin, *ruhig oder kokett*, sanft oder stimmgewaltig, lebhaft oder entspannt, Mäusefänger oder Stubentiger … Es wird Zeit für unsere *40 besten Katzen* – und zwar alle auf einen Streich! Sie sind wirklich etwas Besonderes.

MAINE COON
KATER

Die MAINE COON, eine der ältesten nordamerikanischen Rassen, wird erstmals 1861 erwähnt und war als Rasse bereits vor über 100 Jahren etabliert. Verschiedene Legenden ranken sich um ihre Abstammung: Eine besagt, sie sei bei der Paarung einer Katze mit einem Waschbär (engl. raccoon oder coon) entstanden – eine hübsche, aber unmögliche Idee.

Merkmale
Der „sanfte Riese" wird von seiner Größe, den Pinselohren und den schneeschuhähnlichen Füßen charakterisiert. Das lange, dichte Fell – einschließlich des buschigen Schwanzes, in den sich die Katze einwickeln kann – hält sie warm, auch in den kalten Wintern Neuenglands. Maine Coons kommen in etwa 75 verschiedenen Farbkombinationen vor; sie können braune oder blaue Augen haben (oder eins in jeder Farbe).

Charakter
Die Tiere sind bekannt für ihr freundliches Naturell: Sie lieben Kinder und andere Haustiere. Sie sind verspielt, intelligent und begabt beim Apportieren. Sie folgen ihren Besitzern gerne und spielen nicht im Wasser, waschen aber manchmal ihre Füße darin.

Ähnliche Rassen
Norwegische Waldkatze, Sibirische Katze, Türkisch Van

Gewicht
Kater..... 6–8 kg
Kätzin.... 4–6 kg

Herkunft
Die Maine Coon war ursprünglich eine Wildkatze im US-amerikanischen Bundesstaat Maine, daher ihr Name. Die Rasse war Mitte des 20. Jahrhunderts fast ausgestorben, erlebte anschließend aber ein solches Revival, dass sie heute die drittbeliebteste Rasse in den USA ist. Nach Europa kam sie in den 1980er Jahren.

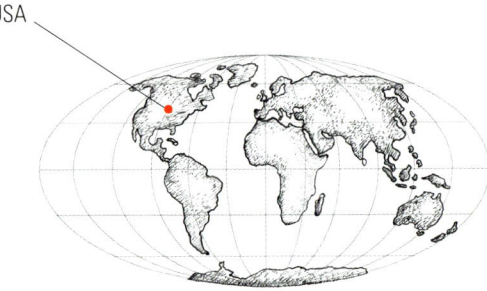

USA

RAGDOLL
KATER

Die Ragdoll hat etwas Rätselhaftes an sich: Sie scheint ein besonderes Gen zu besitzen, das sie äußerst gelassen und entspannt macht. Wenn man sie hochnimmt, lässt sie sich meist schlaff hängen – genau wie eine Stoffpuppe (engl. rag doll).

Merkmale
Die Katze hat einen großen, muskulösen Körper und markante, hellblaue Augen. Ihr üppiges, halblanges Fell kommt in vier Farben – Seal, Chocolate, Lilac und Blau – und drei Mustern vor: Colourpoint (auf Gesicht, Ohren, Beinen und Schwanz), Mitted (weiße Vorderpfoten, Unterkörper und Kinn) und Bicolour (mehr Weiß auf Beinen und Körper sowie ein weißes V auf dem Gesicht).

Charakter
Die Ragdoll ist sanfte und anhängliche Katze, aber nicht sehr lautstark. Sie mag es, herumgetragen zu werden – in den Armen ihrer Besitzer entspannt sie sich vollkommen. Sie ist verspielt, kann lernen, wie ein Hund zu apportieren, und verträgt sich gut mit Kindern und Hunden.

Ähnliche Rassen
Birma-Katze, Snowshoe

Gewicht
Kater..... 7–9 kg
Kätzin.... 5–7 kg

Herkunft
Die Ragdoll wurde in den frühen 1960er Jahren mithilfe einer Langhaarkatze namens Josephine in Kalifornien (USA) gezüchtet. Es wird erzählt, Josephine wurde von einem Auto angefahren und nach ihrer Genesung waren alle ihre Würfe sanft und schlaff – genetisch ist das natürlich unmöglich.

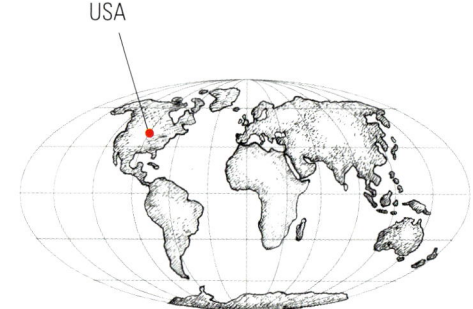

USA

KURILEN BOBTAIL
KÄTZIN

Es ist nicht wirklich überraschend, woher die KURILEN BOBTAIL ihren Namen hat: von dem Stummelschwanz (engl. bobtail), verursacht durch eine geringere Anzahl von Wirbeln. Trotz ihres wilden Aussehens ist sie eine sanfte und gutmütige Katze, die in Russland als Mäusefänger geschätzt wird. Sie wird nicht von allen Verbänden anerkannt.

Merkmale
Sie ist eine muskulöse, etwas gedrungene, mittelgroße bis große Katze mit einem großen, keilförmigen Kopf, „walnussförmigen" Augen (oben oval, unten rundlich) und etwas nach vorne geneigten Ohren. Ihr entscheidendes Merkmal ist natürlich der rundliche Stummelschwanz. Die Rasse ist kurz- bis halblanghaarig und wird in einer großen Vielfalt von Farben und Zeichnungen gezüchtet.

Charakter
Die Kurilen Bobtail ist sehr anhänglich. Zuneigung braucht und zeigt sie gleichermaßen. Sie ist hochintelligent, neugierig und verspielt, spielt auch gerne im Wasser. Sie verträgt sich gut mit anderen Tieren und ist das perfekte Familienhaustier.

Ähnliche Rassen
Cymric, Japanese Bobtail, Karelische Bobtail, Manx

Gewicht
Kater.....5–7 kg
Kätzin....3–5 kg

Herkunft
Heimat der Kurilen Bobtail sind Ostrussland, die Insel Sachalin und die benachbarte Inselkette der Kurilen. Die Rasse erlangte nur langsam Popularität in Europa und erreichte erst im späten 20. Jahrhundert Nordamerika.

Kurilen, Sachalin und Ostrussland

SELKIRK REX
KÄTZIN

Haben Sie schon mal ein Plüschtier laufen sehen? Diesen Eindruck bekommt man, wenn man erstmals eine Selkirk Rex sieht. Ihr lockiges Fell, das kurz- oder langhaarig sein kann, ist so kuschelig, wie es aussieht. Anders als bei Cornish oder Devon Rex wird das Rex-Gen (verantwortlich für die Locken) bei dieser Rasse dominant vererbt.

Merkmale
Die Selkirk Rex ist eine mittelgroße bis große Katze mit schwerem Knochenbau. Sie kommt in einer großen Farbvielfalt daher, mit runden Augen und einem freundlichen Ausdruck, der ihrer Persönlichkeit entspricht. Aber ihre Starqualitäten liegen natürlich im lockigen Fell mit den krausen Schnurrbarthaaren und dem Plüschfell – die kurzhaarige Katze ähnelt einem Teddybär, die langhaarige einem Schaf.

Charakter
Aufgrund ihrer Geduld und Entspanntheit ist die Selkirk Rex eine wunderbare und erstaunlicherweise sehr verspielte Gefährtin.

Ähnliche Rassen
Cornish Rex, Devon Rex, LaPerm, Perserkatze, Sphinx

Gewicht
Kater..... 5–7 kg
Kätzin.... 2,5–5,5 kg

Herkunft
Die Rasse entstand in den 1980er Jahren in Montana (USA), als eins von fünf Kätzchen in einem Wurf aus einem Blue Tortie und einer weißen Wildkatze krauses Fell und Schnurrbarthaare hatte. Mit 14 Monaten wurde diese Katze mit einem schwarzen Perserkater verpaart – die Hälfte des Wurfes hatte ebenfalls lockiges Fell.

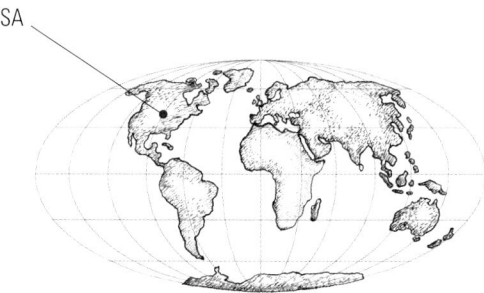

USA

BENGALKATZE

KÄTZIN

Die auffallend hübsche und intelligente Bengalkatze ist das Ergebnis des ersten geplanten Versuchs, eine Hauskatze mithilfe einer Wildkatze zu züchten. Mit ihrer gepflegten Eleganz, ihrem geschmeidigen Körper und ihrer wunderbaren „Wildkatzen"-Zeichnung hat diese Katze viele Liebhaber.

Merkmale

Das kurze, außergewöhnlich weiche Fell der Bengalkatze ist ihre wesentliche Eigenschaft. Es ist normalerweise lebhaft getupft oder gestromt, es gibt aber auch Rosetten wie bei Jaguaren, Leoparden und Ozelots. Einige Tiere haben einen besonderen Schimmer im Fell. Die beliebte Farbe Black/Brown Tabby kann alle Nuancen von Gold und Bronze bis Grau haben, eine Form des Albinismus zeigt sich in blauen oder türkisen Augen und einem creme- oder elfenbeinfarbenen Fell mit Tupfen in unterschiedlichen Schattierungen.

Charakter

Liebevoll, neugierig und mit einer fast beängstigenden Intelligenz – das sind die Hauptmerkmale der Bengalkatze. Sie folgt ihrem Besitzer auf Schritt und Tritt und sitzt gerne auf seinem Schoß, wenn sie müde geworden ist. Viele Bengalkatzen trinken gerne fließendes Wasser und einige können sogar „reden".

Ähnliche Rassen

Burma-Katze, Koratkatze, Khao Manee, Siamkatze, Tonkanese

Gewicht

Kater..... 4–7 kg
Kätzin.... 2,5–5,5 kg

Herkunft

Die Bengalkatze entstand, als die amerikanische Züchterin Jean S. Mill in den 1960er Jahren eine wilde asiatische Leopardenkatze mit einer Hauskatze verpaarte. Die heutigen Bengalkatzen lassen sich zu den Tieren zurückverfolgen, die Jean Mill in den frühen 1980er Jahren züchtete. Die Rasse hat sich seitdem durch leidenschaftliche Züchter weltweit verbreitet.

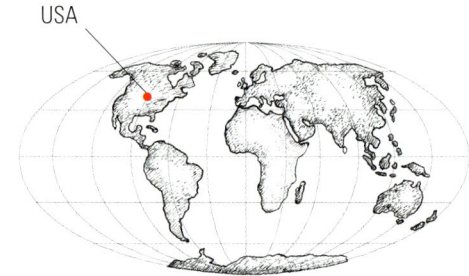

USA

TÜRKISCH VAN

KATER

Wie ihr Name schon andeutet, stammt die auffällige halblanghaarige Türkisch Van aus der Türkei. Die Rasse ist höchstwahrscheinlich sehr alt, da man Schnitzarbeiten und Schmuck aus der Zeit der Hethiter (ca. 1600 v. Chr.) gefunden hat, auf denen Katzen mit der charakteristischen Farbverteilung zu sehen sind. Die Rasse ist auch als „Schwimmkatze" bekannt.

Merkmale

Die auffälligsten Merkmale der Van-Katze sind der ringförmig gezeichnete Schwanz und die Farbflächen am Kopf. Die am weitesten verbreitete Zeichnungsfarbe ist Auburn (Kastanienrot), aber es kommen auch andere Farben vor. Sie ist eine kräftige, muskulöse Katze mit langem, seidenweichem Fell und einem stark behaarten Schwanz.

Charakter

Die Türkisch Van ist eine liebevolle, intelligente, sehr aktive, hundeähnliche Katze. Sie folgt ihrem Besitzer auf dem Fuß und liebt Spiele mit Ball oder Spielzeug. Aufgrund ihres wasserabweisenden Fells gehen einige Tiere auch gerne schwimmen – manche begleiten ihre Besitzer sogar in die Dusche!

Ähnliche Rassen

Maine Coon, Norwegische Waldkatze, Sibirische Katze

Gewicht

Kater.....5,5–7,5 kg
Kätzin....5,5–6,5 kg

Herkunft

Die Türkisch Van stammt aus der Gegend des Vansees, des größten Sees in der Türkei, wo sie jahrhundertelang isoliert lebte, bis sie Mitte der 1950er Jahre von den britischen Fotografinnen Laura Lushington und Sonia Halliday entdeckt wurde. Die beiden nahmen zwei Kätzchen mit nach Hause, von wo aus sich die Rasse bald verbreitete.

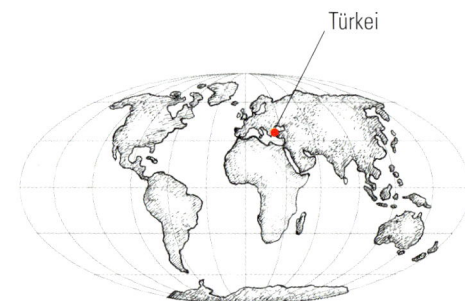

Türkei

ÄGYPTISCHE MAU

KÄTZIN

Viele Liebhaber alter Katzenrassen behaupten gerne, ihre Rasse lasse sich bis ins alte Ägypten zurückverfolgen. Bei der ÄGYPTISCHEN MAU stimmt diese Behauptung auch! Sie kommt aus dieser Region und ihre Vorfahren finden sich auf Kunstwerken, die vor etwa 3 000 Jahren entstanden. Genau genommen wurden diese hochintelligenten Katzen als Jagdtiere benutzt, lange bevor sie als Götter verehrt wurden.

Merkmale

Die Mau hat einen mittelgroßen Körper und ist schlank, aber muskulös. Ihr Kopf ist ein leicht gerundeter Keil mit mittelgroßen bis großen Ohren und großen, ausdrucksstarken grünen Augen. Das kurze Fell ist getupft und getickt und wird in drei Farben gezüchtet: Silber, Bronze und Smoke. Es hat einen charakteristischen Aalstrich.

Charakter

Die intelligente, sensible Katze bindet sich eng an ihre Besitzer, zeigt große Loyalität, sucht aber Aufmerksamkeit und Bestätigung. Die Mau ist bekannt für ihre typische Stimmgebung: Sie „zwitschert", dabei vermittelt die Tonhöhe ihre Gefühle.

Ähnliche Rassen

Abessinierkatze, Amerikanisch Kurzhaar, Ocicat, Siamkatze

Gewicht

Kater ..... 3,5–5 kg
Kätzin .... 2,5–3,5 kg

Herkunft

Diese alte ägyptische Rasse wurde erstmals 1952 ausgeführt, als der ägyptische Botschafter in Italien einer im Exil lebenden russischen Prinzessin eine Katze schenkte. Die Rasse kam 1956 in die USA, wo sie mit ähnlichen Rassen gekreuzt wurde – die Grundlage für die moderne Mau. In den 1970er Jahren wurden die ersten Mau-Katzen nach Großbritannien importiert.

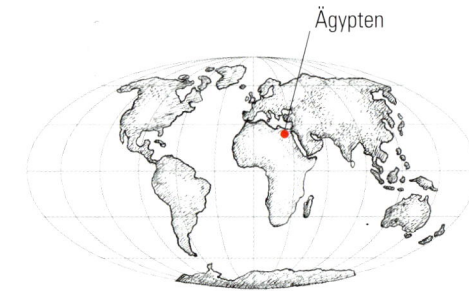

Ägypten

ABESSINIERKATZE
KATER

Abessinier sind Katzen von außergewöhnlicher Anmut und Schönheit. In der Beschreibung durch die TICA wird dies so wiedergegeben: Sie ähneln „einem kleinen Berglöwen oder Puma". Es handelt sich dabei um eine alte Rasse, von der man annahm, sie käme aus Abessinien (heute Äthiopien). Genetische Studien haben jedoch gezeigt, dass sie aus der Region rund um den Golf von Bengalen (Indien) stammt.

Merkmale
Sie ist eine mittelgroße Katze mit langem, schmalem Körper, leicht keilförmigem Kopf und großen, etwas nach vorne geneigten Ohren. Ihre grünen, bernstein- oder goldfarben Augen geben ihr ein markantes Aussehen. Das feine Fell kommt in verschiedenen Farben vor, darunter Wildfarben, Sorrel, Blau oder Chocolate.

Charakter
Die Abessinierkatze ist hochintelligent, neugierig und anhänglich. Sie ist äußerst loyal und gerne in alle Aktivitäten einbezogen. Manchmal zeigt sie eine majestätische Zurückhaltung, dann wieder eine unglaubliche Verspieltheit. Die Tiere lieben Gesellschaft, aber keine Mengen anderer Haustiere.

Ähnliche Rassen
Singapura, Sokoke, Somali-Katze

Gewicht
Kater..... 3,5–4,5 kg
Kätzin..... 2,5–3 kg

Herkunft
Es heißt, ein britischer Soldat habe 1862 die erste Abessinierkatze namens „Zula" aus Abessinien nach England mitgebracht, allerdings gibt es keine klare Verbindung zwischen Zula und den modernen Abessiniern. Heute geht man davon aus, dass die Katze aus Indien stammt. Sie etablierte sich Mitte der 1890er Jahre in Großbritannien und Anfang des 20. Jahrhunderts in den USA.

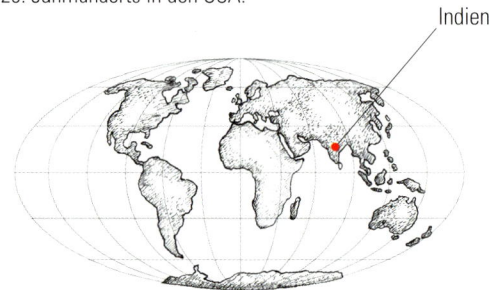

Indien

PERSERKATZE

KATER

Sie ist eine der am leichtesten erkennbaren Katzen: die PERSERKATZE. Bei ihrem schimmernden Fell, dem runden Gesicht und den großen Augen ist es kein Wunder, dass sie als Schmusekatze gilt. Vertreter dieser Rasse finden sich seit mehr als einem Jahrhundert auf Pralinenschachteln und Glückwunschkarten. Allgemein gilt die Perserkatze als Inbegriff der Rassekatze.

Merkmale

Perser sind mittelgroße bis große Katzen mit einem gedrungenen, muskulösen Körper und kurzen Beinen. Sie haben einen runden, breiten Kopf mit einem „flachen" Gesicht, eine kleine Nase, große Augen und mittelgroße bis kleine Ohren. Besonders charakteristisch ist natürlich das langhaarige Fell mit der mähnenartigen Halskrause und dem kurzen, behaarten Schwanz.

Charakter

Die Katze ist gelegentlich etwas reserviert, aber grundsätzlich ruhig und ihren Besitzern gegenüber zugewandt. Sie verträgt sich mit Kindern und anderen Haustieren, möchte aber immer im Mittelpunkt stehen.

Ähnliche Rassen

Exotische Kurzhaarkatze, Colourpoint

Gewicht

Kater..... 3,5–5 kg
Kätzin.... 3–4 kg

Herkunft

Die ersten Perserkatzen wurden im 17. Jahrhundert aus Persien (Iran) nach Europa gebracht und hier mit Angorakatzen gekreuzt. Die moderne Rasse ist genetisch jedoch eher mit anderen europäischen Rassen verwandt. Sie wurde erstmals 1871 in Großbritannien ausgestellt, im späten 19. Jahrhundert in die USA exportiert und ist heute weltweit beliebt.

Großbritannien

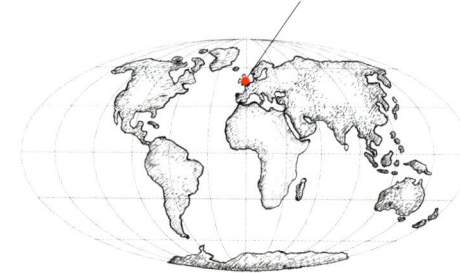

RUSSISCH BLAU (GCCF)
KATER

Eine elegante Kurzhaarkatze mit sanftem Ausdruck, das ist die RUSSISCH BLAU. Sie ist eine der ältesten Ausstellungskatzen, in Großbritannien wurde sie erstmals in den 1860er Jahren gezeigt. Die meisten Katzen dieser Rasse sind direkte Nachkommen von Katzen, die im 19. Jahrhundert nach Großbritannien kamen.

Merkmale
Die Rassestandards der Russisch Blau unterscheiden sich in den verschiedenen Verbänden. Der britische GCCF-Typ hat einen eleganten Körper mit langem Schwanz und langen Beinen, einen kurzen, keilförmigen Kopf, betonte Schnurrhaarkissen und große Ohren. Sein kurzes, dichtes Fell ist seidenweich. Die Farbe ist Mittelblau mit einem durchgängigen Silberschimmer. Der GCCF erkennt auch Russisch Weiß und Russisch Schwarz an.

Charakter
Die Russisch Blau ist eine hochintelligente, sanfte und liebevolle Katze, die die enge Bindung zu ihren Besitzern sucht. Sie ist tolerant und Kindern und Hunden gegenüber geduldig – also eine ideale Familienkatze.

Ähnliche Rassen
Nebelung, Russische Kurzhaarkatze, Tiffanie-Katze

Gewicht
Kater..... 4–6 kg
Kätzin.... 3,5–5 kg

Herkunft
Die Russisch Blau war zunächst als Archangelsk-Katze bekannt – aufgrund ihrer Herkunft, der russischen Hafenstadt Archangelsk. Die Katzen kamen auf Schiffen in andere europäische Länder und gehörten zu den ersten Ausstellungstieren in England: Sie wurden schon 1875 im Londoner Kristallpalast gezeigt.

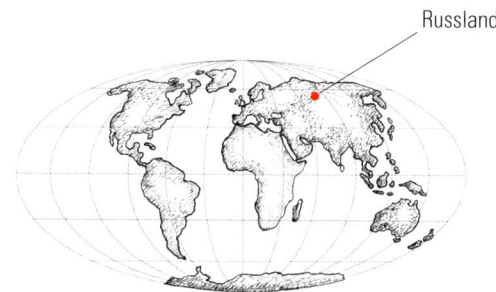

Russland

COLOURPOINT

KATER

Die COLOURPOINT ist eine sehr attraktive Katze, wird aber unterschiedlich eingestuft: Die TICA behandelt sie als separate Rasse, die CFA klassifiziert sie als Variante der Perserkatzen und der GCCF bezeichnet sie als Colourpoint Perserkatze. Sie ist im Grunde genommen eine helle Perserkatze mit dunklen Partien an Gesicht, Ohren, Beinen und Schwanz.

Merkmale

Die Katze hat das typische Perser-Aussehen: gedrungener, muskulöser Körper, kurze Beine, runder, breiter Kopf mit „flachem" Gesicht und Stupsnase, kleinen Ohren und großen, runden Augen, langes, schimmerndes Fell und buschiger Schwanz. Am auffälligsten sind die Farbpartien, die es in verschiedenen Schattierungen gibt.

Charakter

Eine intelligente Katze, die sehr an ihren Besitzern hängt. Sie ist ruhig, macht aber gelegentlich etwas Unfug. Sie verträgt sich gut mit Menschen und anderen Haustieren. Sie ist nicht sehr laut, hat aber ein ausdrucksstarkes Gesicht – dort kann man immer erkennen, was sie gerade denkt!

Ähnliche Rassen

Exotische Kurzhaarkatze, Perserkatze

Gewicht

Kater..... 4–5,5 kg
Kätzin.... 3–4 kg

Herkunft

In den 1930er Jahren führte man an der Harvard-Universität (USA) ein experimentelles Zuchtprogramm durch, in dem Züge von Perser- und Siamkatzen kombiniert werden sollten. Andere Zuchtprogramme liefen in den 1950er Jahren in Großbritannien und den USA. Gemeinsam führten sie zu der Katze, die wir heutzutage finden.

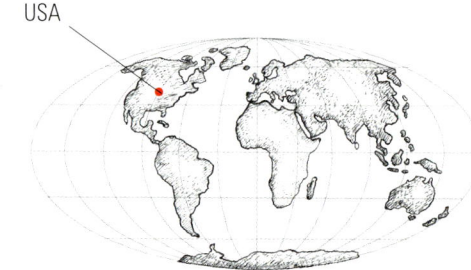

USA

CORNISH REX
KÄTZIN

Auch die CORNISH REX ist eine unverwechselbare Katze – mit dem langen Körper, bedeckt von gewelltem oder lockigem Fell. Die Rasse ist bei Katzenliebhabern überall auf der Welt ausgesprochen begehrt. Überdies ist sie eine beliebte Hauskatze, da sie sich gut ins Familienleben einfügt. Alles in allem also eine echte Spitzenkatze!

Merkmale

Die Katze hat einen schlanken, aber muskulösen Körper mit einem natürlicherweise gebogenen Rücken und einem spitz zulaufenden Schwanz. Sie hat ein gerades Profil, große, hoch angesetzte Ohren und ovale Augen, die ihr ein markantes Aussehen verleihen. Selbstverständlich ist es das flaumige, lockige oder gewellte Fell, das sie einzigartig macht. Die Farbe kann variieren.

Charakter

Die kontaktfreudige Cornish Rex ist gerne mitten im Geschehen. Sie ist hochintelligent und verspielt, anhänglich und loyal – also die ideale Familienkatze. Sie verträgt sich auch mit anderen Haustieren und liegt gerne – aufgrund einer etwas höheren Körpertemperatur – an warmen Orten.

Ähnliche Rassen

Devon Rex, LaPerm, Selkirk Rex, Siamkatze, Sphinx

Gewicht

Kater..... 3,5–4,5 kg
Kätzin.... 2,5–3 kg

Herkunft

Wie ihr Name andeutet, stammt die Rasse aus der englischen Grafschaft Cornwall. Im Jahre 1950 kam dort in dem Wurf einer Siamkatzenmutter eins von fünf Kätzchen mit lockigem Fell zur Welt, die erste „Rex"-Katze. Mithilfe von Siam- und Havana-Katzen, Amerikanischen und Britischen Kurzhaarkatzen entstand die Cornish Rex in der Form, wie wir sie heute kennen.

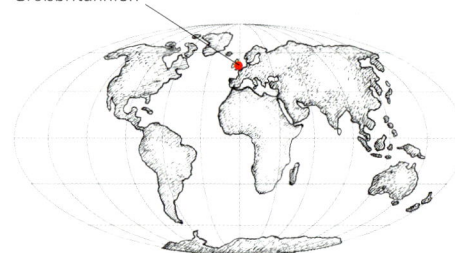

Großbritannien

BIRMA-KATZE
KATER

Eine hübsche birmanische Legende rankt sich um die Entstehung der BIRMA-KATZE: Eine wunderschöne Katze hielt Wache, während der Hohepriester starb. Nach seinem Tod wanderte seine Seele in die Katze, woraufhin ihr Fell bräunlich wurde, nur die Pfoten und Beine, mit denen sie auf dem Priester gesessen hatte, blieben weiß. Die Katze schaute zur goldenen Göttin des Priesters und ihre Augen wurden wie deren Augen saphirblau.

Merkmale
Die entzückende, mittelgroße Langhaarkatze ist cremefarben mit dunklen Farbpartien in vielerlei Farben. Alle vier Pfoten und Teile der Hinterbein-Rückseite sind weiß. Das Gesicht der Birma-Katze ist rund und sie hat umwerfende, ziemlich runde saphirblaue Augen.

Charakter
Mit Kindern und anderen Haustieren verträgt sich die Birma-Katze gut, aber sie kann auch als einzelnes Haustier leben. Sie ist sanft und geduldig, aber verspielt. Sie ist eine wunderbare Gefährtin und nimmt gerne am Leben ihrer Besitzer teil.

Ähnliche Rasse
Ragdoll

Gewicht
Kater.....3,5–5,5 kg
Kätzin....3–4 kg

Herkunft
Die Birma-Katze (nicht zu verwechseln mit der Burma-Katze!) stammt aus Birma, dem heutigen Myanmar. Es ist nicht bekannt, wann und wie sie nach Europa gelangte, aber sie wurde erstmals in den 1920er Jahren in Frankreich als Rasse anerkannt. Die meisten Birma-Katzen lassen sich nach Europa zurückverfolgen, aber genetisch gehören sie zu den südostasiatischen Rassen.

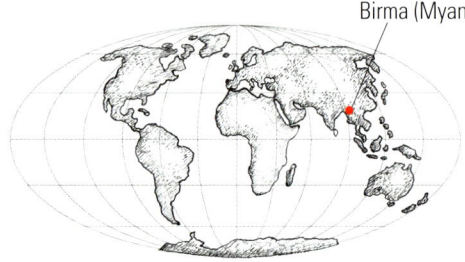

Birma (Myanmar)

DEVON REX
KATER

Mit ihrem welligen Fell und den spitzen Ohren ist es kein Wunder, dass die Devon Rex oftmals als Koboldkatze oder – bei den Sci-Fi-Anhängern – als Alienkatze bezeichnet wird. Obwohl Devon Rex und Cornish Rex in zwei benachbarten englischen Grafschaften entdeckt wurden, sind die beiden Rassen genetisch vollkommen unterschiedlich.

Merkmale

Die Devon Rex hat einen leicht keilförmigen Kopf mit vorstehenden Wangenknochen, große, tief angesetzte Ohren und weite, expressive Augen. Ihr kleiner bis mittelgroßer Körper ist mit dem weichen, welligen Fell bedeckt, das ihr entscheidendes Merkmal ist. Ihre Hinterbeine sind länger als ihre Vorderbeine, was das Klettern und Springen etwas erschwert.

Charakter

„Lausbubenhaft" ist vielleicht das Wort, das die Devon Rex am besten beschreibt. Sie ist intelligent, treibt aber viel Unfug und liebt es, an schwer zugängliche Stellen zu klettern und sie zu erkunden. Sie sitzt gerne auf der Schulter ihrer Besitzer und schmiegt sich an. Eine tolle Familienkatze!

Ähnliche Rassen

Cornish Rex, LaPerm, Selkirk Rex, Sphinx

Gewicht

Kater..... 3,5–4 kg
Kätzin..... 2,5–3 kg

Herkunft

Die Rasse stammt von einem Kätzchen mit gewelltem Haar namens Kirlee (Vater Wildkater, Mutter Hauskatze) ab, das in den 1960er Jahren nahe einer verlassenen Zinnmine im englischen Devon entdeckt wurde.

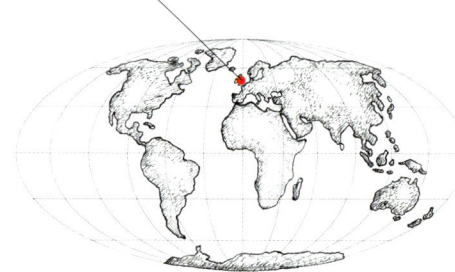

Großbritannien

BOMBAY-KATZE
KATER

Beim ersten Blick auf eine BOMBAY-KATZE wundern Sie sich wahrscheinlich, wie ein kleiner Panther in die Zivilisation gelangt ist, aber hinter dieser Rasse stecken gar keine Wildkatzen. Eigentlich gibt es sogar zwei verschiedene Bombay-Rassen – die Amerikanische und die Britische Bombay –, aber beide sind auffällige, pechschwarze Katzen, verwandt mit den Burma-Katzen.

Merkmale
Die mittelgroße Katze ist schlank und muskulös zugleich, hat ein pechschwarzes Fell und goldene oder kupferfarbene Augen (bei Britischen Bombays auch grün). Ihr schimmerndes, dichtes Fell braucht nur wenig Pflege und die Katze verliert nur wenige Haare.

Charakter
Die Bombay liebt andere Tiere, wenn sie ordentlich eingeführt werden. Sie kann sich daran gewöhnen, an der Leine geführt zu werden. Sie treibt gerne Unfug, ist intelligent und verspielt und möchte an allem teilnehmen, was im Haus passiert. Und wenn man sich einmal hinsetzt, wird sie sich äußerst gerne auf dem Schoß niederlassen.

Ähnliche Rassen
Amerikanisch Kurzhaar, Britisch Kurzhaar, Burma-Katze

Gewicht
Kater ..... 3,5–5 kg
Kätzin .... 2,5–4 kg

Herkunft
Die Amerikanische Bombay wurde von Nikki Horner aus Louisville, Kentucky, gezüchtet, die in den 1950er Jahren schwarze Amerikanische Kurzhaarkatzen mit Burma-Sable-Katzen verpaarte. Die Britische Bombay ist etwas jünger und das Ergebnis einer Kreuzung zwischen Burma- und Britischer Kurzhaarkatze.

USA, Großbritannien

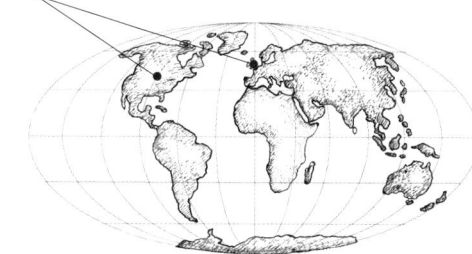

BRITISCH KURZHAAR
KÄTZIN

In England wird sie umgangssprachlich „Teddybärkatze" genannt: Die BRITISCH KURZHAAR ist eine der ältesten britischen Katzenrassen. Es heißt, sie habe sich nicht sehr verändert, seitdem sie mit den Römern ins Land kam. Früher war sie als ausgezeichnete Mäusefängerin bekannt, heutzutage jagt sie eher nach Spielzeug als nach Nagetieren.

Merkmale
Bei ihren großen, runden Augen und dem freundlichen, runden Gesicht ist es kein Wunder, dass die Britisch Kurzhaar vermutlich als Vorbild für die Cheshire Cat – die Grinsekatze – in Lewis Carrolls „Alice in Wonderland" diente. Sie ist stämmig und hat ein dichtes, dickes Fell, das verschiedenste Farben haben kann. Am beliebtesten ist allerdings Blau.

Charakter
Ein Britisch Kurzhaar verträgt sich gut mit anderen Haustieren, zum Beispiel Hunden, Vögeln und Kaninchen. Sie zieht es vor, die Füße auf dem Boden zu behalten, sitzt aber auch gerne neben ihrem Besitzer. Gelegentlich ist sie etwas tollpatschig und zeigt kindliche Züge.

Ähnliche Rassen
Britisch Langhaar, Kartäuserkatze

Gewicht
Kater..... 4–7,5 kg
Kätzin.... 3–5,5 kg

Herkunft
Trotz ihres Namens stammt die Britisch Kurzhaar aus Ägypten und kam mit den Römern nach England. Dort bekam sie eine neue Heimat und einen neuen Namen. Von der TICA wurde sie 1979, von der CFA 1980 anerkannt, aber in den USA ist sie nach wie vor eher selten.

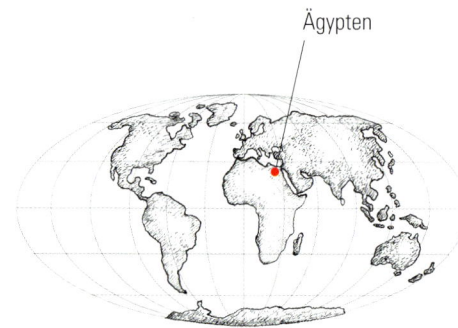

Ägypten

SIBIRISCHE KATZE

KATER

Die SIBIRISCHE KATZE ist eine uralte russische Rasse, die sich mehrere Jahrhunderte zurückverfolgen lässt und seit dem 19. Jahrhundert in Märchen und Kinderbüchern auftaucht. Ursprünglich war sie eine Bauernhofkatze, heutzutage gilt sie als russischer Nationalschatz und ist äußerst sanft.

Merkmale

Die Tiere erreichen im Alter von fünf Jahren ihre volle, beeindruckende Größe. Sie haben riesige Pfoten, etwas längere Hinterbeine und sind überraschend beweglich. Ihr Fell ist halblang; für die russischen Winter hat sie ein Dreifachfell, das nach dem Winter gewechselt wird. Sibirische Katzen gibt es in einer Vielfalt von Fellfarben, die markanten Augen sind goldfarben bis grün. Möglicherweise ist diese Katze hypoallergen.

Charakter

Die Sibirische Katze ist eine freundliche, ruhige, verspielte und liebevolle Katze, die sich gerne in der Nähe ihrer Besitzer aufhält. Sie verträgt sich gut mit Kindern, Hunden und anderen Tieren. Gelegentlich spielt sie den Clown, springt und klettert außerordentlich gerne und kommuniziert in weichen Trillern.

Ähnliche Rassen

Maine Coon, Norwegische Waldkatze, Türkisch Van

Gewicht

Kater ..... 5,5–8 kg
Kätzin .... 4–6,5 kg

Herkunft

Es gibt nur wenige Hinweise auf die Geschichte dieser russischen Katze vor dem 19. Jahrhundert. Obwohl nachgewiesen ist, dass Sibirische Katzen 1871 in England und 1884 in den USA ausgestellt wurden, wurde die Rasse, wie wir sie heute kennen, erstmalig 1990 in die USA und 2002 nach Großbritannien importiert.

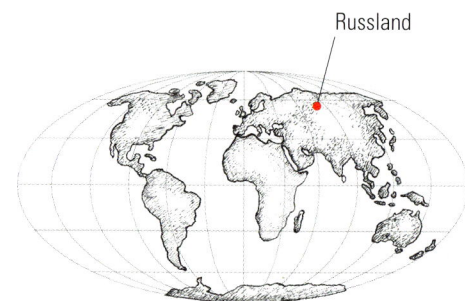

Russland

NEBELUNG

KATER

Die NEBELUNG ist eine relativ junge Rasse und noch immer eher selten. Die Tiere sollten – das war das Zuchtziel – so aussehen wie Langhaarkatzen, die im frühen 19. Jahrhundert in Russland entdeckt und nach England importiert worden waren. Nebelung lieben ihre Besitzer, werden aber vermutlich verschwinden, wenn Fremde ins Haus kommen. Ihr langes blaues Fell hat einen schönen Silberschimmer.

Merkmale
Die mittelgroße Katze mit den großen Ohren wird sowohl als langhaarig wie auch als halblanghaarig beschrieben. Ihr Fell ist seidenweich und sie hat weit auseinanderstehende Augen, die farblich zwischen Gelbgrün und Grün liegen. Die Nebelung ist kräftig und muskulös.

Charakter
Die verspielte und aktive, intelligente Katze liebt es, auf dem Schoß ihrer Besitzer zu sitzen, und folgt ihnen gerne auf Schritt und Tritt. Gegenüber Fremden und kleineren Kindern ist sie jedoch ausgesprochen scheu, und es braucht einige Zeit, bis sie sich an neue Besitzer und Familienmitglieder gewöhnt hat.

Ähnliche Rassen
Havana-Katze, Russisch Blau, Russisch Kurzhaar

Gewicht
Kater..... 3,5–5 kg
Kätzin.... 2,5–4 kg

Herkunft
Russisch Blau war das Vorbild für diese Rasse, die 1986 in den USA aus zwei Katzen namens Brunhilde und Siegfried geschaffen wurde. Im folgenden Jahr wurde sie von der TICA anerkannt, 2012 vorläufig vom GCCF.

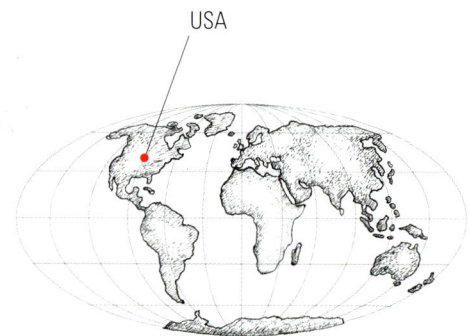

TONKANESE
KATER

Mit ihren erstaunlichen türkisblauen Augen und dem herrlichen Fell ist die TONKANESE eine der hinreißendsten Rassen überhaupt. Sie ist eine Kreuzung aus Siam- und Burma-Katze und gehört zu den Rassen, die in den „Tamra Maew"-Manuskripten beschrieben werden, thailändischen Katzengedichten aus der Ayutthaya-Periode (1351–1767).

Merkmale

Die Tonkanese war die erste Rasse mit türkisblauen Augen. Sie hat einen kurzen, muskulösen Körper und ein weiches, üppiges, nerzähnliches Fell. Man findet das Fell in einer Reihe von Farben und Mustern, darunter Mink- und Point-Varianten. Katzen vom Solid-Typ sind die einzigen mit grünen bis gelbgrünen Augen.

Charakter

Als gesellige und lebenslustige Katze wird eine Tonkanese vermutlich mit zur Tür kommen, um Gäste zu begrüßen. Sie ist eine freundliche, verspielte Katze, die gerne die Ereignisse des Tages diskutiert. Sie erfindet neue Spiele und sitzt gerne auf dem Schoß ihrer Besitzer – ein echter Allrounder.

Ähnliche Rassen

Bengal-, Burma und Koratkatze, Khao Manee, Siamkatze

Gewicht

Kater.....3,5–5,5 kg
Kätzin....2,5–3,5 kg

Herkunft

Die Tonkanese tauchte erstmals im frühen 19. Jahrhundert in England auf. Die erste Tonkanese, die 1930 in die USA exportiert wurde, hieß Wong Mau und stammte wahrscheinlich von Burma-Katzen. Die moderne Tonkanese hat sich in Kanada aus Kreuzungen von Siamesen und Burmesen entwickelt.

Thailand

SOKOKE
KATER

Die Sokoke, in Kenia heimisch, ist so alt, dass es keine Nachweise darüber gibt, wann die Geschichte dieser Rasse begann. Der Giriama-Stamm, einer der Mijikenda-Stämme aus der kenianischen Küstenregion, war das erste Volk, das diese Katzen entdeckte und mit ihnen lebte. Die seltene Rasse liebt menschliche und tierische Familienmitglieder und ist eine hingebungsvolle Begleiterin.

Merkmale

Die Sokoke ist eine elegante, mittelgroße und muskulöse Katze mit einem schwarzbraunen Fell im Tabby-Muster. Aufgrund der Farbe und des Musters ist sie aus einer größeren Entfernung oftmals kaum sichtbar.

Charakter

Intelligent, neugierig, sensibel, aktiv, intuitiv und friedliebend – so wird die Sokoke häufig beschrieben. Sie braucht viel Bewegung und nimmt Familienhierarchien wahr, nicht nur bei den Tieren, sondern auch bei den Menschen. Als Kätzchen spielt sie ihre eigenen Spiele – und das stundenlang auch gerne alleine.

Ähnliche Rassen

Abessinierkatze, Singapura, Somali-Katze

Gewicht

Kater ..... 5–6,5 kg
Kätzin .... 3,5–5 kg

Herkunft

Die Sokoke stammt von kenianischen Wildkatzen ab. In den 1980er und 1990er Jahren wurden Katzen nach Dänemark und Italien gebracht, die sogenannte alte Linie. Die neue Linie stammt auch aus Kenia. Einige Katzen wurden Anfang des 21. Jahrhunderts in die USA importiert, um die alte Linie aufzufrischen.

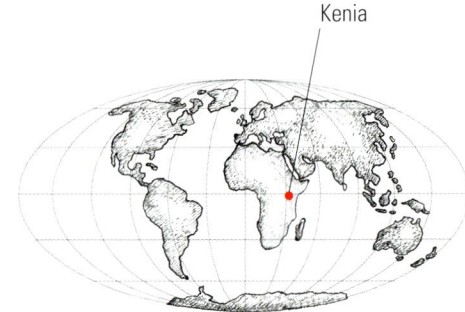

Kenia

CYMRIC

KATER

Die Cymric – schwanzlos oder mit einem kurzen Schwanz – ist eine Rasse mit halblangem Haar, die sich aus der Manx entwickelt hat. Manche Verbände betrachten die Cymric nur als langhaarige Manx, andere als separate Rasse. Der Name „Cymric" verweist auf den möglichen Ursprung der Manx und leitet sich von „Cymru" ab – dem walisischen Namen für Wales.

Merkmale
Die mittelgroße Katze hat einen stämmigen, rundlichen, aber muskulösen Körper mit mittelgroßen Ohren und runden Augen. Wie bei der Manx sind die Hinterbeine länger als die Vorderbeine, wodurch die schwanzlose Kruppe höher liegt. Ihr Fell ist halblang und ziemlich dicht. Die Cymric kann theoretisch in allen Farben und Mustern gezüchtet werden, aber sie werden nicht alle durchgehend anerkannt.

Charakter
Intelligent, neugierig und sanft – das sind die Hauptcharakterzüge der Cymric. Sie ist loyal gegenüber ihren Besitzern und liebt Gesellschaft, braucht aber keine übermäßige Aufmerksamkeit. Sie ist verspielt, klettert gerne und verträgt sich gut mit anderen Haustieren.

Ähnliche Rassen
Japanese Bobtail, Karelische Bobtail, Kurilen Bobtail, Manx

Gewicht
Kater..... 4,5–5,5 kg
Kätzin.... 3,5–4,5 kg

Herkunft
Cymric-Katzen stammen von der Isle of Man, obwohl die dortigen Züchter willentlich keine langhaarigen Katzen züchten wollten. In Kanada in den 1960er Jahren züchteten einige Züchter jedoch langhaarige Manx mit dem Ziel, eine neue Rasse zu etablieren. Diese Rasse wurde schließlich als Cymric bekannt.

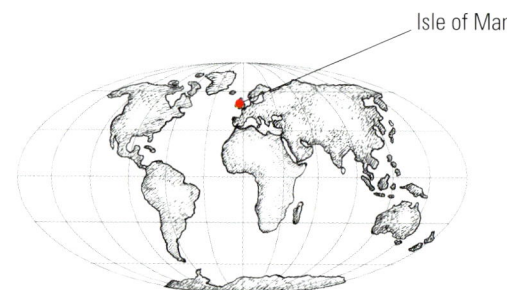

Isle of Man

SINGAPURA
KÄTZIN

Die SINGAPURA ist eine kleine Katze mit großer Persönlichkeit. Die Regierung von Singapur erklärte sie 1991 zum lebendigen Nationalschatz, dort in Südostasien ist sie mit ihrem getickten Fell und der dunkelbraunen Farbe auch heimisch. Normalerweise hält sich die Singapura an hochliegenden Orten auf – das kann auch die Schulter ihres Besitzers sein!

Merkmale
Den winzigen Kobold – die kleinste aller Katzen – gibt es nur in einer Farbe: Elfenbein (in unterschiedlichen Nuancen) mit dunkelbraunem Ticking (Bänderung). Ihre bezaubernden Augen sind seladongrün, haselnussbraun, gold- oder kupferfarben.

Charakter
Die Singapura ist eine verspielte und lebhafte Katze, bekannt für ihre Intelligenz. Sie interagiert gerne mit Menschen und bleibt auch im höheren Alter unternehmungslustig, nur zum Schlafen rollt sie sich auf dem Schoß ein. Ihr Charakter ist faszinierend und das Leben mit ihr wird nie langweilig, kann aber anstrengend werden, wenn man einen Teil ihrer Energie nicht in positive Erziehung lenkt.

Ähnliche Rassen
Abessinierkatze, Sokoke, Somali-Katze

Gewicht
Kater..... 2,5–3,5 kg
Kätzin.... 2–2,5 kg

Herkunft
Obwohl es Kontroversen über die Herkunft der Singapura gibt, scheint gesichert, dass in den 1970er Jahren Hal und Katermy Meadows die Rasse in den USA mithilfe dreier Katzen, die in Singapur heimisch waren, züchteten. Die Rasse wurde 1988 in Großbritannien eingeführt.

Singapur

EXOTISCHE KURZHAARKATZE

KATER

Die Exotische Kurzhaarkatze ist im Grunde genommen eine kurzhaarige Perserkatze – oder zumindest eine Katze mit dem typischen Körper eines Persers, aber dichtem, kurzem Fell. Die Rasse wurde unabhängig voneinander auf beiden Seiten des Atlantiks gezüchtet. Sie ist ideal für diejenigen, die das Aussehen der Perser lieben, aber nicht viel Zeit mit der Fellpflege verbringen möchten.

Merkmale

Sie hat einen mittelgroßen, stämmigen, aber muskulösen Körper, einen runden Kopf mit dem typischen flachen Gesicht der Perserkatze, eine kleine Stupsnase, Ohren mit runden Enden und große, runde Augen. Ihr Fell ist dicker als das einer gewöhnlichen Kurzhaarkatze, flauschiger und dicht. Sie kommt in einer großen Vielfalt von Farben und Mustern, darunter Blau, Schwarz, Lilac, Rot, Tabby, Tortie und Colourpoint in allen Perserfarben.

Charakter

Exotische Kurzhaarkatzen sind sanft, verspielt und neugierig, dabei ein bisschen weniger reserviert als ihre persischen Vorfahren. Sie sind zutraulich und folgen ihren Besitzern in hundeähnlicher Weise. Sie vertragen sich gut mit anderen Katzen und Haustieren.

Ähnliche Rassen

Colourpoint, Perserkatze

Gewicht

Kater..... 4,5–6,5 kg
Kätzin.... 3–4,5 kg

Herkunft

Die Rasse wurde ursprünglich in den 1970er Jahren durch die Kreuzung von Perserkatzen mit Amerikanischen Kurzhaarkatzen entwickelt. Ein ähnliches Zuchtprogramm wurde in den frühen 1980er Jahren in Großbritannien durchgeführt. Dort kreuzte man Perser mit Britisch Kurzhaar.

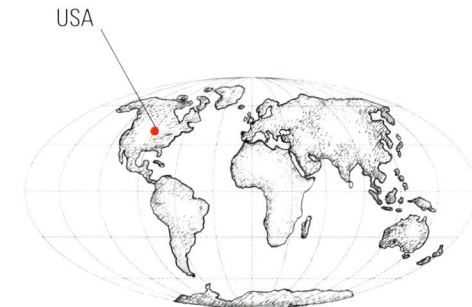

USA

OCICAT

KÄTZIN

Die OCICAT ähnelt einem kleinen Ozelot, hat aber nicht mehr Wildkatzengene als andere Hauskatzen und ist definitiv nicht mit dem Ozelot verwandt. Sie stammt aus einer Kreuzung von Siam- und Abessinierkatzen, bei denen später auch Amerikanische Kurzhaarkatzen eingesetzt wurden.

Merkmale

Sie hat einen starken, großen Körper und muskulöse Beine. Ihr Kopf ist keilförmig mit starken Kiefern, großen Ohren, die an den Spitzen rundlich sind, und mandelförmigen Augen. Ihr Fell ist kurz und dicht mit dunklen kontrastierenden Tupfen. Sie wird in verschiedenen Farben gezüchtet, darunter Schwarz (Tawny), Cinnamon, Chocolate und Fawn und den gleichen Farbvarianten in Silber.

Charakter

Die Ocicat ist extrovertiert und ähnelt in ihrer Anhänglichkeit einem Hund. So spielt sie gerne mit Spielzeug und apportiert es. Sie verträgt sich gut mit anderen Haustieren, solange diese akzeptieren, dass sie der Chef ist!

Ähnliche Rassen

Abessinierkatze, Amerikanisch Kurzhaar, Siamkatze

Gewicht

Kater..... 4–6,5 kg
Kätzin.... 2,5–4 kg

Herkunft

Sie stammt aus einer Kreuzung von Siam- und Abessinierkatzen und wurde in den 1960er Jahren in den USA entwickelt. Das charakteristische Muster der Rasse tauchte allerdings erst in der zweiten Generation auf – bei einem getupften Kätzchen mit dem Spitznamen „Ocicat".

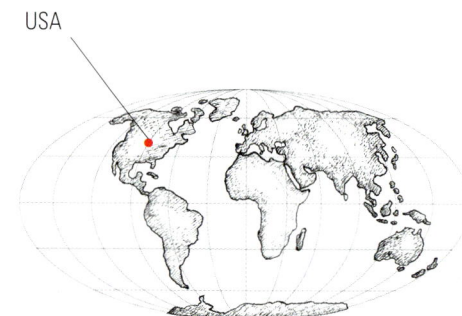

USA

LAPERM

KATER

Von einer Rex-Mutation bei einer amerikanischen Bauernhofkatze in den 1980er Jahren zur angesehenen Ausstellungskatze mit einer aktiven, internationalen Anhängerschaft – das ist der Weg der markanten LaPerm mit den gelockten Haaren.

Merkmale
Das weiche Fell der LaPerm variiert von gewellt bis gelockt, wobei man stärkere Locken unter dem Kinn und am Bauch findet. Das Fell wurde gelegentlich als „Zigeunerwolle" bezeichnet und kommt in allen erdenklichen Farben und Mustern daher.

Charakter
Die aktive Katze ist intelligent und neugierig und kann jede Menge Kunststücke lernen. Sie liebt es, auf dem Schoß zu sitzen und zu schnurren, und ihre Besitzer lieben es, dabei mit den Fingern die lockigen Haare zu kraulen. Eine LaPerm folgt ihrem Besitzer und sitzt auch gerne auf seiner Schulter.

Ähnliche Rassen
Cornish Rex, Devon Rex, Selkirk Rex, Sphinx-Katze

Gewicht
Kater.....3,5–4,5 kg
Kätzin....2,5–3,5 kg

Herkunft
Die Rasse hat ihren Ursprung in Oregon (USA), wo eine von Linda Koehls braunen Tabby-Katzen ein kahles Kätzchen zur Welt brachte. Sechs Wochen später hatte dieses Kätzchen aufgrund einer Rex-Mutation lockige Haare. In den 1990er Jahren hatte Linda Koehl ein Zuchtprogramm gestartet und nannte die Rasse in Anlehnung an die Locken LaPerm (perm ist englisch für Dauerwelle).

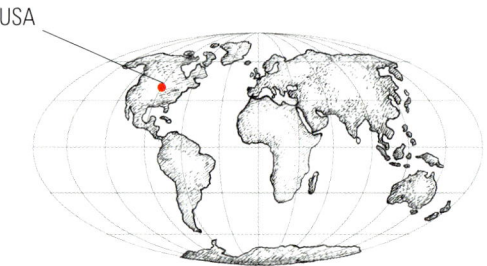

RUSSISCH BLAU (TICA)
KATER

Russisch-Blau-Katzen wurden im frühen 20. Jahrhundert in die USA importiert und entwickelten sich allmählich zu einer beliebten Rasse bei ehrgeizigen Katzenzüchtern. Es ist leicht nachzuvollziehen, warum diese Katze mit dem majestätischen Verhalten und dem aristokratischen Aussehen bei den Zaren in ihrer russischen Heimat geliebt war.

Merkmale
Die Standards der Russisch Blau unterscheiden sich in den verschiedenen Verbänden: Nach TICA-Standard ist sie eine mittelgroße Katze, geschmeidig und muskulös. Der keilförmige Kopf mit dem typischen verführerischen Lächeln hat hohe Wangenknochen und große, weit auseinanderstehende Ohren. Das Fell ist kurz, dicht und durchgehend blau. Keine andere Farbvariante ist zugelassen.

Charakter
Russisch-Blau-Katzen sind intelligente Tiere, die ein enges Verhältnis zu ihren Besitzern haben. Sie vertragen sich gut mit anderen Haustieren und Kindern. Demzufolge sind sie ideale Familientiere.

Ähnliche Rassen
Havana-Katze, Nebelung, Russisch Kurzhaar

Gewicht
Kater..... 4,5–7 kg
Kätzin.... 3,5–7 kg

Herkunft
Obwohl Russisch-Blau-Katzen schon zu Beginn des 20. Jahrhunderts in die USA gekommen waren, begann eine seriöse Zucht erst nach dem Zweiten Weltkrieg, als amerikanische Züchter skandinavische und britische Katzen importierten, um deren beste Merkmale zu kombinieren.

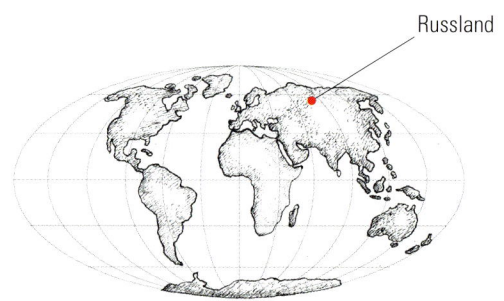

Russland

BURMILLA

KÄTZIN

Die Burmilla ist das hübsche Ergebnis einer zufälligen Paarung, an der ein Perser-Chinchilla-Kater und eine lilacfarbene Burmesin beteiligt waren. Die vier Kurzhaar-Kätzchen in Black Shaded Silver waren so hübsch, dass ihre Besitzer sich entschlossen, ein Zuchtprogramm zu starten. Das herrliche silbrige Fell und die ausdrucksvollen Augen sind auf jeden Fall ein toller Anblick.

Merkmale

Muskulös und dennoch elegant – so ist die erwachsene Burmilla mit ihrem schimmernden Silberfell und den grünen Augen, die bei jungen Katzen noch zwischen Gelbgrün und Gold variieren. Die Katze hat eine Art „Lidstrich" um Augen, Nase und Lippen, was sie noch markanter aussehen lässt.

Charakter

Die niedliche Burmilla ist gern unabhängig, liebt aber ihre Besitzer und verhält sich manchmal im Erwachsenenalter noch recht kindisch. Sie kann lausbübisch wie eine Burma-Katze und entspannt wie eine Chinchilla-Perserkatze sein. Sie verträgt sich gut mit Kindern und anderen Haustieren.

Ähnliche Rassen

Burma-Katze, Chinchilla-Perserkatze, Tiffanie

Gewicht

Kater..... 4,5–5,5 kg
Kätzin.... 3,5–4,5 kg

Herkunft

Die neue Rasse erblickte in Großbritannien das Licht der Welt – durch eine zufällige Paarung eines Perser-Chinchilla-Katers und einer lilacfarbenen Burmesin. So kam es auch zum Namen: Aus Burma und Chinchilla wurde Burmilla. Inzwischen ist die Rasse weithin anerkannt, aber nicht überall verbreitet.

Großbritannien

AUSTRALIAN MIST

KATER

Die Australian Mist, im deutschen Sprachraum auch Australische Schleierkatze, ist außerhalb ihrer Heimat Australien noch relativ selten anzutreffen, aber eines Tages wird sie mit ihrer wunderschönen Zeichnung sicher ebenso beliebt wie Britische und Amerikanische Kurzhaarkatzen sein.

Merkmale

Die mittelgroße Kurzhaarkatze hat einen rundlichen Kopf mit zarter Zeichnung, mittelgroße Ohren und ausdrucksstarke, runde Augen. Sie hat ein kurzes Fell ohne Unterfell und ihre gepunktete oder gestromte Fellzeichnung und die Grundfarbe wirken, als läge eine Art Schleier (englisch mist) über ihnen. Die Australian Mist gibt es in verschiedenen Farben: Brown, Blue, Chocolate, Lilac, Gold und Peach.

Charakter

Die Australian Mist ist eine ruhige, liebevolle Katze, die Kontakt zu Menschen liebt und gerne in der Nähe von ihrem Zuhause bleibt. Sie ist gesellig, manchmal sehr auf ihre Besitzer fixiert, verträgt sich aber gut mit anderen Katzen und Haustieren.

Ähnliche Rassen

Abessinierkatze, Amerikanisch Kurzhaar, Britisch Kurzhaar, Burma-Katze

Gewicht

Kater..... 4,5–6 kg
Kätzin.... 3,5–4.5 kg

Herkunft

Die Rasse entstand Mitte der 1970er Jahre in Australien aus Kreuzungen zwischen Burma- und Abessinierkatzen sowie verschiedenen heimischen Kurzhaarkatzen. Die ersten Australian-Mist-Katzen wurden Anfang des 21. Jahrhunderts exportiert.

Australien

KARTÄUSERKATZE
KATER

Als „lächelnde blaue Katze aus Frankreich" ist die KARTÄUSERKATZE bekannt. Es gibt zwei Legenden, wie die Katze zu ihrem Namen kam: Einige glauben, sie hätte bei den französischen Kartäusermönchen gelebt, andere sehen eine Verbindung zu einer spanischen Wollsorte (Pile des Chartreux) aus dem 18. Jahrhundert, die dem dichten Fell der Katze ähnelte …

Merkmale
Sie ist eine der drei blauen Rassen: eine Katze mit runden Augen, deren Farbe von Gold bis Kupfer variiert, und einem breiten, runden Kopf, der sich allmählich zum schmalen Maul verjüngt. Die Kartäuserkatze hat ein wasserabweisendes Ober- und ein wolliges Unterfell sowie einen kräftigen Körper auf eher zartgliedrigen Beinen.

Charakter
Die ruhigen Kartäuserkatzen sind intelligent und lieben es, Vögel zu beobachten und fernzusehen. Sie haben weiche, zirpende Stimmen, folgen ihren Besitzern gerne, sitzen aber lieber neben ihnen als auf ihrem Schoß und ziehen es vor, ihre Füße fest auf dem Boden zu behalten.

Ähnliche Rassen
Britisch Kurzhaar, Britisch Langhaar, Perserkatze

Gewicht
Kater..... 4,5–6,5 kg
Kätzin..... 2,5–4 kg

Herkunft
Kartäuserkatzen stammen vermutlich aus dem Mittleren Osten und kamen mit den Kreuzzügen nach Frankreich. Dort findet man Nachweise in Dokumenten seit dem 16. Jahrhundert. Die Zahl der Katzen ging im Zweiten Weltkrieg sehr zurück, daher wurden nach dem Krieg Perserkatzen und Britisch Kurzhaar eingekreuzt.

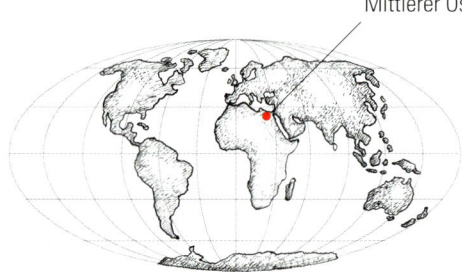

Mittlerer Osten

MANX
KÄTZIN

Eine fantastische Geschichte über die Herkunft der MANX lautet, dass Noah versehentlich ihren Schwanz abgeschnitten hat, als er die Türen der Arche schloss. Tatsächlich ist die Schwanzlosigkeit auf eine Genmutation zurückzuführen, die sich auf der Isle of Man erhalten hat. Von dort stammt auch der Name: Manx – so heißen Sprache und Bewohner der Insel.

Merkmale

Die Manx ist eine mittelgroße, muskulöse und insgesamt rundliche Katze mit breiter Brust. Sie hat einen runden Kopf mit weiten, runden Augen. Ihre Beine sind kräftig, die Hinterbeine sind länger als die Vorderbeine. Sie kann in allen Farben und Mustern gezüchtet werden. Es gibt zwei Varianten: Rumpies, die überhaupt keinen Schwanz haben, und Stumpies, bei denen ein Stummelschwanz vorhanden ist.

Charakter

Die Manx sind ruhig, ausgeglichen, intelligent und sehr zutraulich und haben ein enges Verhältnis zu ihren Besitzern. Sie sind verspielt und äußerst redselig. So verlangen sie mit ihrer einzigartigen Stimme von ihren Besitzern Aufmerksamkeit.

Ähnliche Rassen

Cymric, Japanese Bobtail, Karelische Bobtail, Kurilen Bobtail

Gewicht

Kater..... 4,5–5,5 kg
Kätzin.... 3,5–4,5 kg

Herkunft

Die Rasse entstand vor einigen Hundert Jahren aufgrund einer spontanen Genmutation auf der britischen Isle of Man. Es ist nicht klar, wann Manx-Katzen in die USA gelangten, aber sie waren eine der Gründerrassen, als die CFA 1906 gegründet wurde. In Deutschland ist die Zucht von Manx-Katzen verboten.

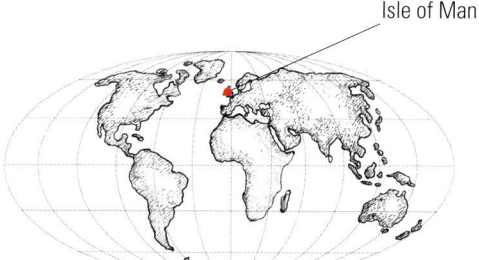

Isle of Man

ORIENTALISCH KURZHAAR
KATER

Die ORIENTALISCH KURZHAAR stammt von der Siamkatze sowie Kreuzungen mit Abessinierkatzen, Britisch Kurzhaar und Russisch Blau ab. Das Ergebnis ist eine lebhafte Katze mit den eleganten Konturen von Siamkatze und ähnlichen orientalischen Rassen, aber mit einer größeren Farb- und Mustervielfalt.

Merkmale

Diese Katze hat einen langen, schmalen Körper, muskulöse lange Beine und einen peitschenartigen Schwanz. Ihr Kopf ist keilförmig mit großen, aufrecht stehenden Ohren und ausdrucksvollen, mandelförmigen Augen. Ihr Fell ist – im Gegensatz zu ihren orientalischen Langhaar-Verwandten – kurz und glänzend. Beide werden in einer Vielfalt von Farben (Creme, Rot, Braun, Lilac, Elfenbein …) und Mustern (Tabby, Smoke, Shaded …) gezüchtet.

Charakter

Sie ist intelligent, neugierig und sehr gesellig, liebt menschliche Gesellschaft, verträgt sich aber auch mit anderen Haustieren. Da sie sehr lebhaft und verspielt ist, müssen sowohl ihr Gehirn als auch ihr Körper gefordert werden.

Ähnliche Rassen

Abessinierkatze, Britisch Kurzhaar, Russisch Blau, Siamkatze

Gewicht

Kater ..... 5–6,5 kg
Kätzin .... 4–5,5 kg

Herkunft

Die Rasse entstand in den 1950er Jahren in Großbritannien aus Kreuzungen zwischen Siam- und Abessinierkatzen, Britisch Kurzhaar sowie Russisch Blau. Sie wurde in den 1970er Jahren in den USA importiert und erfreute sich schnell großer Beliebtheit.

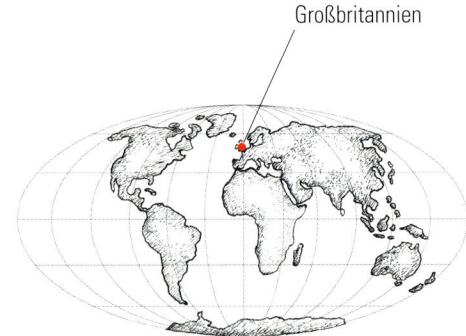

Großbritannien

KHAO MANEE
KATER

In westlichen Gefilden mag die Khao Manee eine neue Rasse sein, genau genommen ist sie aber eine der vier uralten thailändischen Rassen (die anderen sind Siam-, Burma- und Koratkatze). Sie wird bereits in den „Tamra Maew"-Manuskripten erwähnt. Übersetzt bedeutet Khao Manee „Weißes Juwel", was diese elegante, reinweiße Rasse perfekt beschreibt.

Merkmale

Die Khao Manee ist eine kleine bis mittelgroße Katze mit dem typischen „fremdländischen" Körperbau: schlank und muskulös mit einem Schwanz, der ebenso lang wie der Körper ist. Sie hat einen herzförmigen Kopf mit hohen Wangenknochen. Eins ihrer auffälligsten Merkmale sind die verschiedenfarbigen Augen: Normalerweise ist eins blau, das andere bernsteinfarben. Sie hat ein kurzes, glänzendes weißes Fell.

Charakter

Die extrem intelligente Katze ist freundlich und extrovertiert. Sie spielt gerne, liegt aber gleichermaßen gerne auf dem Schoß ihrer Besitzer. Wenn sie nicht genügend Aufmerksamkeit bekommt, wird sie Ihnen das schon mitteilen!

Ähnliche Rassen

Bengal-, Burma-, Korat- und Siamkatze, Tonkanese

Gewicht

Kater..... 4–5 kg
Kätzin.... 3–3,5 kg

Herkunft

Die Khao Manee gehört zu den historischen thailändischen Rassen, die im dortigen Königshaus sehr beliebt waren. Erst 1999 wurden die ersten Khao-Manee-Katzen in die USA importiert, zehn Jahre später nach Großbritannien.

SIAMKATZE

KÄTZIN

Ein fantastisches Aussehen, eine natürliche Eleganz und eine ausgeprägte Farbgebung machen die SIAMKATZE unverwechselbar. Sie weckt Erinnerungen an asiatische Luxuspaläste, in denen die Katzen wie Götter verehrt wurden. Als die Siamkatze im späten 19. Jahrhundert in den Westen kam, wurde sie auch als „The Royal Cat of Siam" tituliert.

Merkmale

Siamesen haben einen schlanken, muskulösen Körper mit kurzem, feinem, glänzendem Fell sowie einen keilförmigen Kopf mit dunkelblauen, mandelförmigen Augen und großen Ohren. Ihre Beine sind lang und elegant, ihr Schwanz dünn. Sie gehören zu den Pointed Katzen, wobei der Körper weiß oder cremefarben ist und nur die „Points" (Gesicht, Ohren, Beine, Pfoten und Schwanz) dunkler. Die klassische Siamkatze ist Seal-Point, aber es gibt unzählige Farbvarianten.

Charakter

Die Siamkatze ist verspielt, sehr intelligent und anhänglich – sie liebt es, an allen interessanten Aktivitäten teilzuhaben. Sie hat eine klare, laute Stimme, die man manchmal mit Babygeschrei verwechselt.

Ähnliche Rassen

Bengal-, Burma- und Koratkatze, Khao Manee, Tonkanese

Gewicht

Kater..... 4,5–7 kg
Kätzin.... 3,5–5,5 kg

Herkunft

Siamkatzen stammen aus Thailand, dem früheren Siam, obwohl Katzen eines ähnlichen Typs auch auf antiken ägyptischen Abbildungen zu finden sind. Die ersten Siamesen, die aus Thailand in die USA kamen, waren vermutlich 1879 ein Geschenk eines amerikanischen Diplomaten in Bangkok an die Präsidentengattin Lucy Hayes. Seit 1884 werden sie auch in Europa gezüchtet.

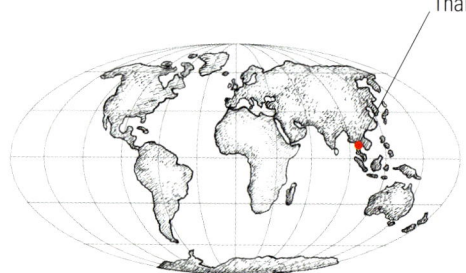

SOMALI-KATZE

KATER

Eine außergewöhnliche Katze: die SOMALI. Aufgrund ihrer rötlichen Farbgebung, ihrer großen Ohren und des buschigen Schwanzes ist es kein Wunder, dass sie manchmal „Fuchskatze" genannt wird. Sie stammt von der Abessinierkatze ab, mit der sie nach wie vor viele Merkmale teilt.

Merkmale

Die Somali ist eine muskulöse, mittelgroße Katze mit seidenweichem, halblangem Fell. Ihr Kopf ist keilförmig mit großen Ohren und mandelförmigen Augen, die farblich von Grün bis Kupfer variieren. Sie besitzt einen wunderschönen buschigen Schwanz. Das „normale" Somali-Fell ist Goldbraun mit Schwarz getickt, aber sie wird auch in anderen Farben gezüchtet, darunter Rot, Silber, Blausilber sowie Tabby- und Tortie-Points.

Charakter

Sie ist hochintelligent, neugierig und sehr energisch. Sie ist loyal und liebt menschliche Gesellschaft, aber keine anderen Katzen, mit denen sie um die Gunst ihrer Besitzer streiten müsste.

Ähnliche Rassen

Singapura, Sokoke, Abessinierkatze

Gewicht

Kater..... 3,5–4,5 kg
Kätzin.... 2,5–3 kg

Herkunft

Somalikatzen stammen von langhaarigen Abessiniern, die in den 1940er Jahren in Großbritannien geboren wurden und dann in die USA, nach Kanada, Australien und Neuseeland gelangten. In den 1960er Jahren wurde die Rasse in verschiedenen Ländern unabhängig voneinander weiterentwickelt. Der Name leitet sich von der Tatsache ab, dass Somalia ein Nachbarland von Äthiopien – einst Abessinien – ist.

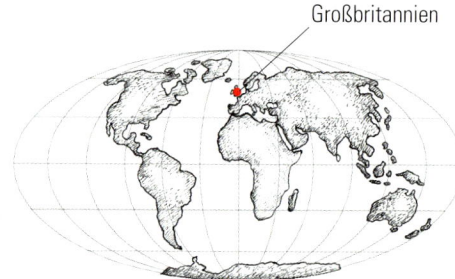

Großbritannien

SNOWSHOE
KÄTZIN

Die Snowshoe ist eine relativ seltene Rasse. Sie wurde aus Siamkatze und Amerikanisch Kurzhaar gezüchtet und gehört zu den Katzen mit Point-Zeichnung. Ihr Name – übersetzt Schneeschuh – stammt von den typischen weißen Pfoten, die aussehen, als sei sie durch Schnee gelaufen.

Merkmale

Häufig wird sie als „überraschend muskulös" beschrieben. Ihre Kopfform ähnelt dem „Apfelkopf" der Siamesen vom „alten Typus". Sie hat ein kurzes bis halblanges Fell und kann in einer Vielfalt von Solid-Farben gezüchtet werden, wobei Gesicht, Schwanz und Augen, manchmal auch die Beine, dunkler sind. Sie hat immer blaue Augen und weiße Pfoten.

Charakter

Die Katze liebt es, mit Spielzeug zu spielen und zu klettern, ist intelligent und extrovertiert. Sie hat eine charakteristische Stimme, weicher als Siamesen. Snowshoe-Katzen spielen gerne mit fließendem Wasser und vertragen sich gut mit Mensch und Tier.

Ähnliche Rassen

Ragdoll, Siamkatze

Gewicht

Kater..... 4–5,5 kg
Kätzin.... 3–4,5 kg

Herkunft

In den 1960er Jahren hatte in den USA ein Wurf von Siamkatzen weiße Pfoten. Katzen dieses Typs wurden später mit zweifarbigen Amerikanisch-Kurzhaar-Katzen gekreuzt. So entstand die Katze, die wir heute als Snowshoe kennen.

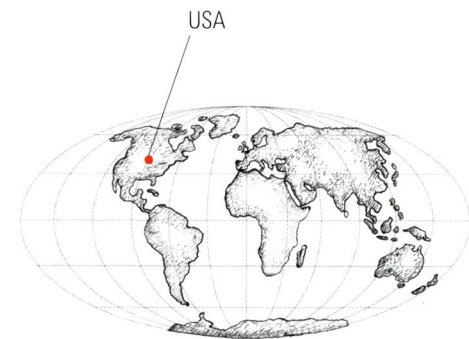

USA

KORATKATZE

KÄTZIN

Die KORATKATZE ist eine alte Rasse aus Siam – dem heutigen Thailand –, wo sie „Si-Sawat" hieß. Sie ist eine der 17 Glücksbringerkatzen, die in den „Tamra Maew"-Manuskripten auftauchen. Trotz ihrer langen Geschichte hat die Katze vermutlich ihr ursprüngliches Aussehen bewahrt und wird nach wie vor als Glückssymbol angesehen.

Merkmale

Das Fell der Rasse ist kurz, fein und einheitlich silberblau mit silbernen Haarspitzen. Sie hat peridotgrüne Augen und einen etwas gedrungenen, kleinen bis mittelgroßen Körper, der sich aus vier Herzformen zusammensetzt, wenn man die Katze aus verschiedenen Perspektiven betrachtet. Die Koratkatze ist kompakter, als sie wirkt, und hat ein erstaunliches Hör-, Seh- und Geruchsvermögen.

Charakter

Eine Koratkatze kann zwitschern und sogar brüllen, aber meist hört man nicht viel von ihr. Sie ist intelligent, athletisch und kinderfreundlich, liebt aber eher ein ruhiges Zuhause. Sie schmust gerne und hält sich bevorzugt in der Nähe ihrer Besitzer auf.

Ähnliche Rassen

Bengal-, Burma- und Siamkatze, Khao Manee, Tonkanese

Gewicht

Kater..... 3,5–4,5 kg
Kätzin.... 2,5–3,5 kg

Herkunft

Die Koratkatze ist eine uralte Rasse aus Siam (Thailand). Möglicherweise wurde sie in England schon im späten 19. Jahrhundert unter der unzutreffenden Bezeichnung „Siamkatze" gezeigt. Die ersten Koratkaten wurden in den späten 1950er Jahren in die USA gebracht und alle Katzen, die seitdem importiert wurden, können ihre Vorfahren in Thailand finden.

Thailand

TIFFANIE-KATZE
KÄTZIN

Die Tiffanie gewinnt allmählich an Beliebtheit. Sie ist eine Halblanghaarkatze, die zur „asiatischen Gruppe" gehört. Sie wird in Großbritannien von der GCCF anerkannt, nicht aber von den Hauptverbänden in den USA – dort gibt es eine Rasse namens „Tiffany" oder „Chantilly", die jedoch nicht mit der Tiffanie verwandt ist.

Merkmale
Eine mittelgroße bis große Katze, die – wie ihre burmesischen Vorfahren – muskulös und kompakt gebaut ist. Sie hat weit auseinanderstehende Ohren sowie runde, ausdrucksstarke Augen in unterschiedlichen Farben. Ihr Fell ist halblang und fein, einschließlich des federartigen Schwanzes. Die Tiffanie kann in einer Vielfalt von Farben und Mustern gezüchtet werden, darunter Black, Chocolate, Cinnamon, Red, Lilac, Fawn, Tabby, Shaded und Tortie.

Charakter
Die Tiffanie ist sehr verspielt und gerne an allen interessanten Aktivitäten beteiligt, rollte sich aber auch gern auf dem Schoß ihrer Besitzer zusammen. Sie ist intelligent, aber auch besitzergreifend. Daher versteht sie sich auch nicht gut mit anderen Haustieren.

Ähnliche Rassen
Burmakatze, Burmilla, Chinchilla-Perserkatze

Gewicht
Kater..... 4,5–7 kg
Kätzin.... 3,5–4,5 kg

Herkunft
Die asiatische Katzengruppe wurde in Großbritannien geschaffen – infolge einer zufälligen Paarung zwischen einem Perser-Chinchilla-Kater und einer Burmesin. Das Ergebnis waren die ersten Burmilla-Kätzchen. Das Langhaargen, das sie aus dem Perser-Chinchilla-Erbe haben, führte später zur Züchtung dieser Rasse.

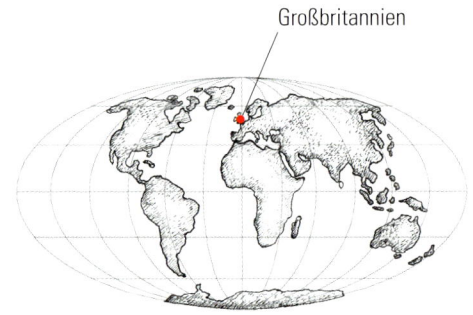

Großbritannien

NORWEGISCHE WALDKATZE
KATER

Man glaubt, die NORWEGISCHE WALDKATZE sei die Katze, welche die Wikinger mitnahmen, um ihre Schiffe ungezieferfrei zu halten. Einige könnten Ende des 10. Jahrhunderts mit Leif Eriksson an der Ostküste Nordamerikas gelandet sein. Von König Olaf wurde diese Katze – die auf Norwegisch Skogkatt heißt – zur Norwegischen Nationalkatze erklärt.

Merkmale
Der Norweger ist groß und muskulös mit einem halblangen Doppelfell: wasserabweisendem Deckhaar und wolligem Unterfell, das ihn im kalten norwegischen Klima warmhält. Das Fell kommt in den meisten gängigen Farben vor und wird im Winter, wie auch die Halskrause, dicker. Seine großen mandelförmigen Augen und der dreieckige Kopf geben ihm ein markantes Aussehen.

Charakter
Die Norwegische Waldkatze lebt, obwohl sie relativ aktiv ist, auch gerne im Haus. Sie ist eine freundliche Katze gegenüber Mensch und Tier und verbringt gerne Zeit mit ihren Besitzern – aktiv im Spiel oder ruhig auf dem Schoß.

Ähnliche Rassen
Maine Coon, Sibirische Katze, Türkisch Van

Gewicht
Kater..... 5,5–7.5 kg
Kätzin.... 4–5,5 kg

Herkunft
Diese natürliche Rasse ist seit Jahrhunderten in der Mythologie und den Märchen Norwegens gegenwärtig. Sie wäre fast ausgestorben, wenn nicht in den 1970er Jahren ein spezielles norwegisches Zuchtprogramm aufgestellt worden wäre. Seitdem wurde die Rasse in verschiedenste Länder exportiert.

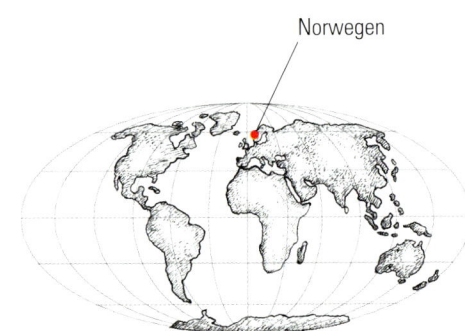

Norwegen

BURMA-KATZE

KÄTZIN

Dank ihrer großartigen Persönlichkeit und ihrem markanten Aussehen ist die BURMA-KATZE als Haus- und Ausstellungstier weltweit überaus beliebt. Sie gehört zu den vier Rassen, die aus Thailand stammen (die anderen sind Siam- und Koratkatze sowie Khao Manee). Ihr thailändischer Name Suphalak bedeutet „wunderbare Erscheinung" – was für ein passender Name!

Merkmale

Die Burmesin ist auf beiden Seiten des Atlantiks mittelgroß und überraschenderweise sehr muskulös. Der amerikanische Typ ist eher gedrungen und rundlich, der britische hat ein dreieckiges, „asiatisches" Gesicht. Beide haben große, glänzende Augen und Schattierungen auf Gesicht, Ohren, Beinen und Schwanz. Die Katze hat ein kurzes, seidiges Fell, das ursprünglich braun war, heute aber – je nach Katzenverband – in anderen Farben vorkommt.

Charakter

Burma-Katzen sind ausgesprochen gesellig, sie lieben es, überall beteiligt zu sein. Neugier ist einer ihrer Hauptcharakterzüge. Seien Sie also darauf vorbereitet, dass jeder Winkel Ihres Zuhauses sorgfältig erforscht wird!

Ähnliche Rassen

Korat- und Siamkatze, Singapura, Tonkanese

Gewicht

Kater..... 4–5,5 kg
Kätzin.... 3,5–4,5 kg

Herkunft

Die moderne Burma-Katze kam 1930 aus Thailand in die USA, und zwar über eine einzige Kätzin, die mit einem Siamesen gekreuzt wurde. In Großbritannien begann die offizielle Zucht mit einem Paar Burma-Katzen, die 1949 aus Thailand importiert worden waren.

Thailand

SPHINX-KATZE
KÄTZIN

Die Sphinx ist eine Nacktkatze mit runzligem Gesicht, die diesen Namen erhielt, weil sie der ägyptischen Sphinx von Gizeh ähnelt. Die Haarlosigkeit ist das Ergebnis eines rezessiven Gens, das erstmals in den 1960er Jahren bei einem Kätzchen namens Prune gefunden wurde. Bei kaltem Wetter braucht die Katze evtl. einen Pullover und die Nächte verbringt sie gerne bei ihren Besitzern unter der Bettdecke.

Merkmale
Eine Sphinx ist nicht vollkommen haarlos, sie hat ein feines Haarkleid am Körper. Ihre Haut fühlt sich wie ein Pfirsich, eine Wärmflasche oder ein Fensterleder an, ist empfindlich und benötigt Pflege sowie ein wöchentliches Bad. Sie ist eine mittelgroße, eher unempfindliche Katze.

Charakter
Die Katze versteht sich gut mit anderen Katzen und Hunden, ist freundlich, lebhaft und neugierig. Sie liebt es, Besucher zu begrüßen, und wirkt manchmal unbeholfen, wenn sie Aufmerksamkeit erregen will.

Ähnliche Rassen
Cornish Rex, Devon Rex, LaPerm, Selkirk Rex

Gewicht
Kater.....3,5–5 kg
Kätzin....2,5–3,5

Herkunft
Die ersten quasi haarlosen Kätzchen – Kinder einer schwarz-weißen Katze – tauchten in den 1960er Jahren im kanadischen Ontario auf. Nach vielen Experimenten in den 1970er Jahren fanden sich Nacktkatzen als natürliche Mutationen in verschiedenen Teilen Nordamerikas. Seitdem werden sie weltweit gezüchtet.

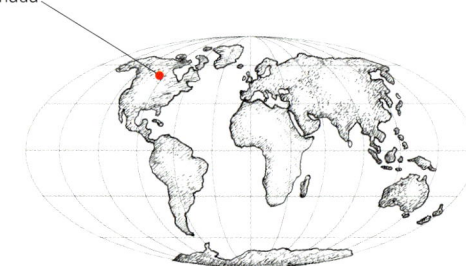

Kanada

REPORTAGE

An alle KATZENLIEBHABER: Genießen Sie jetzt den AUSSERGEWÖHNLICHEN BLICK hinter die Kulissen aus Katzenperspektive. Sehen Sie, wie sich die Stubentiger auf *die große Show* vorbereiten. Jetzt haben Sie die Chance zu entdecken, was Ihre SCHNURRENDEN SAMTPFOTEN wirklich denken. *Zeit für den Catwalk!*

GLOSSAR

Ausstellung Eine Veranstaltung, auf der Katzen gezeigt und im Hinblick auf ihre Übereinstimmung mit einem Rassestandard bewertet werden.

Disqualifikation Feststellung, dass eine Katze für eine Ausstellung untauglich ist. Grund dafür kann an einem Merkmal sein, das im Rassestandard abweichend aufgeführt ist. Eine Katze kann auch aus Gründen der Gesundheit oder des Verhaltens ausgeschlossen werden.

Doppelfell Das Fell der Katze besteht aus zwei Schichten: einem (häufig wasserabweisenden) Oberfell und einem weicheren Unterfell. Auf diese Weise ist die Katze vor Kälte besser geschützt.

Dreifachfell Das Fell der Katze besteht aus drei Schichten: Das Fell der Sibirischen Katze hilft ihr, auch im kältesten Winter zu überleben. Wenn es wärmer wird, wechselt sie das Fell.

Halblanghaarkatze Eine Katze mit mittellangem Fell

Haustier Begriff, der für Katzen verwendet wird, die nicht reinrassig gezüchtet worden sind. Auf Ausstellungen gibt es oft eine Klasse für Hauskatzen. Sie treten nicht gegen die Rassekatzen an, die den Schwerpunkt der Ausstellungen bilden.

Kater Männliche Katze

Kätzchen Eine junge, noch nicht ausgewachsene Katze. Auf Ausstellungen werden Jungtiere häufig in einer eigenen Klasse gezeigt.

Kätzin Weibliche Katze

Kreuzung Die Verpaarung von Katzen aus zwei verschiedenen Rassen

Kurzhaarkatze Eine Katze mit relativ kurzem Fell

Langhaarkatze Eine Katze mit relativ langem Fell, das aber häufig an verschiedenen Körperteilen unterschiedlich lang ist

Nacktkatze Eine Katze, die nur sehr wenige Haare hat; sie ist nicht vollkommen haarlos. Nacktkatzen besitzen ein defektes Gen. Ihre Haut ist sehr weich, braucht aber häufig mehr Pflege als das Fell einer anderen Katzenrasse.

Point-Zeichnung Fellmuster, bei dem das Fell am Körper aufgehellt (weiß oder cremefarben) ist und die „Points" (Gesicht, Ohren, Beine, Pfoten und Schwanz) dunkler sind.

Rassestandard Die idealen Merkmale und Bewertungskriterien einer Rasse, auf die sich Züchter und Verbände geeinigt haben

Rex-Katzen Katzen mit einem welligen oder lockigen Fell. Dieses Merkmal ist genetisch bedingt.

Tabby Fellzeichnung bei einer Katze. Dabei werden die Muster getigert, gestromt, getickt und getupft unterschieden.

Tortie Schildpattmuster auf dem Fell einer Katze

Wurf Ein oder mehrere Kätzchen, die gleichzeitig von einer Mutterkatze geboren werden

Zuchtbuch Im Zuchtbuch ist die vollständige Registrierung der Katzen mit allen Informationen (Name, Geschlecht, Registriernummer, Verband …) enthalten.

Züchter Der Züchter einer Katze ist technisch gesprochen der Besitzer der Kätzin zum Zeitpunkt der Deckung.

(DACH-)VERBÄNDE

Fédération Internationale Féline (FIFe)
www.fifeweb.org

World Cat Federation (WCF)
www.wcf-online.de

The International Cat Association (TICA)
www.tica.org

World Cat Congress (WCC)
www.worldcatcongress.org

1. Deutscher Edelkatzenzüchter-Verband e. V. – 1. DEKZV e.V.
www.dekzv.de

The Governing Council of the Cat Fancy (GCCF)
www.gccfcats.org

DANKSAGUNG

Wir möchten uns bei Lisa Aggett und allen anderen Organisatoren der „Supreme Cat Show", Birmingham, und Jeannine Parfitt und ihrem Team bei der „TICA in Bloom Show", Oxford, für ihre Hilfe bei unseren Fotoshootings bedanken, ferner bei Mark Goadby (GCCF), Vickie Fisher (TICA) und Roeann Fulkerson (CFA) für ihre Mitarbeit im Hinblick auf die Rassestandards.

Wir möchten uns bei den folgenden Katzenbesitzern und -züchtern bedanken, die uns erlaubt haben, ihre Katzen für dieses Buch zu fotografieren.

Abessinierkatze Amy-May Thomson & Mandy Rainbow
Ägyptische Mau Lizzie Edge
Australian Mist Tricia Bristow
Bengalkatze Di Cheal
Birma-Katze Jenny Bush
Bombay-Katze JJ McCarten
Britisch Kurzhaar Dylan Taylor
Burma-Katze Patricia Tegg
Burmilla Louise Mitchell
Colourpoint Douglas D'Abate
Cornish Rex Robert Dunne
Cymric S. Church
Devon Rex Stanley Bryant
Exotische Kurzhaarkatze Sarah Hemsley
Kartäuserkatze Ludovic Lebon
Khao Manee Chrissy Russell
Koratkatze Judy East
Kurilen Bobtail Maria Bunina
LaPerm Edwina Sipos
Maine Coon Sue Lyle
Manx Mrs S Church
Nebelung Kristi Stewart
Norwegische Waldkatze Delsa Rudge
Ocicat Lorraine Parry
Orientalisch Kurzhaar Kate Wells-McCulloch
Perserkatze Marie Hill
Ragdoll Jason Lombard-Jordan & Andrew Jordan-Lombard
Russisch Blau (GCCF) Karen Hettmann
Russisch Blau (TICA) Jeannine Parfitt
Selkirk Rex Karen Winn
Siamkatze Becky Poole
Sibirische Katze James & Sue Dear
Singapura Marcia Owen
Snowshoe Kelly Cruse
Sokoke CM Payne
Somali-Katze Kathy Hines
Sphinx-Katze Jane Haggar
Tiffanie-Katze Heather McRae
Tonkanese Louise O'Shea
Türkisch Van Jason Lombard-Jordan & Andrew Jordan-Lombard

INDEX

A
Abessinierkatze 30, 31
Ägyptische Mau 28, 29
Altes Ägypten 9, 28
Altes Rom 9, 46
American Cat Association 11
Ausstellungen 10, 11, 12, 98–109
    Bewertung 12, 13
Australian Mist 70, 71

B
Bengalkatze 24, 25
Beresford, Lady Marcus 11
Birma-Katze 40, 41
Bombay-Katze 44, 45
Britisch Kurzhaar 46, 47
Burdett Coutts, Baroness 10
Burma-Katze 9, 92, 93
Burmilla 68, 69

C
Cat Fanciers' Association Inc (CFA)
    11, 12, 36, 46, 74
Chicago Cat Club 11
Colourpoint 36, 37
Cornish Rex 38, 39
Cruft, Charles 10
Cymric 56, 57

D
Devon Rex 42, 43

E
Entwicklung der Katzen 8
Exotische Kurzhaarkatze 60, 61

F
Fédération Internationale Féline
    (FIFe) 11
Fleischfresser 8

G
Geschichte 9–11
Governing Council of the Cat Fancy
    (GCCF) 11, 12, 34, 36, 50, 88

H
Hexen 9, 10
Himalayan siehe Colourpoint

J
Johnson, Warren E. 8

K
Kartäuserkatze 72, 73
Katzengedichte siehe Tamra Maew
Katzenzucht 10–11
Khao Manee 9, 78, 79
Koratkatze 9, 86, 87
Kurilen Bobtail 20, 21

L
LaPerm 64, 65

M
Maine Coon 16, 17
Manx 74, 75

N
Nacktkatzen 94
National Cat Club 10, 11
Nebelung 50, 51
Norwegische Waldkatze 90, 91

O
O'Brien, Stephen J. 8
Ocicat 62, 63
Orientalisch Kurzhaar 76, 77

P
Perserkatze 10, 32, 33

R
Ragdoll 18, 19
Rassestandard 13
Register 11
Rex-Katzen 22, 38, 42
Russisch Blau 10
    GCCF-Standard 34, 35
    TICA-Standard 66, 67

S
Schwimmkatze 26
Selkirk Rex 22, 23
Siamkatze 9, 10, 80, 81
Sibirische Katze 48, 49
Singapura 58, 59
Snowshoe 84, 85
Sokoke 54, 55
Somali-Katze 82, 83
Sphinx-Katze 94, 95
Supreme Cat Show 11, 98–101
Sutherland, Herzogin von 10

T
Tamra Maew (Thailändische
    Katzengedichte) 9, 52, 78, 86
The International Cat Association
    (TICA) 11, 12, 30, 36, 46, 50, 66
TICA in Bloom, Oxford 102–109
Tiffanie-Katze 88, 89
Tonkanese 52, 53
Türkisch Van 26, 27

V
Verbände 10, 11, 12

W
Wain, Louis 10
Weir, Harrison 10
Wilson, Fred 10
World Cat Congress (WCC) 11

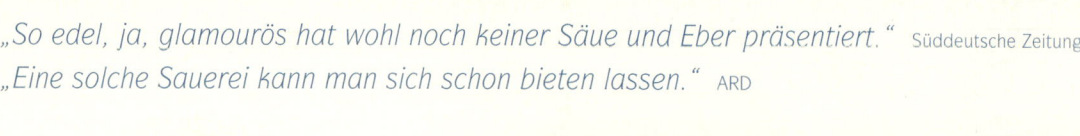

„So edel, ja, glamourös hat wohl noch keiner Säue und Eber präsentiert." Süddeutsche Zeitung
„Eine solche Sauerei kann man sich schon bieten lassen." ARD

Die Bestseller-Reihe

Andy Case
Schöne Schweine
112 Seiten, Klappenbroschur
€ 17,95
ISBN 978-3-7843-5040-0

Marianne Taylor
Schöne Eulen
112 Seiten, Klappenbroschur
€ 17,95
ISBN 978-3-7843-5256-5

Christie Aschwanden
Schöne Hühner
112 Seiten, Klappenbroschur
€ 17,95
ISBN 978-3-7843-5128-5

Geoff Russell
Schöne Kaninchen
112 Seiten, Klappenbroschur
€ 17,95
ISBN 978-3-7843-5153-7

Rick Mannen
Schöne Traktoren
112 Seiten, Klappenbroschur
€ 17,95
ISBN 978-3-7843-5179-7

Andrew Perris
Schöne Tauben
112 Seiten, Klappenbroschur
€ 17,95
ISBN 978-3-7843-5178-0

Liz Wright
Schöne Enten
112 Seiten, Klappenbroschur
€ 17,95
ISBN 978-3-7843-5177-3

Kathryn Dun
Schöne Schafe
112 Seiten, Klappenbroschur
€ 17,95
ISBN 978-3-7843-5077-6

Liz Wright
Schöne Pferde
112 Seiten, Klappenbroschur
€ 17,95
ISBN 978-3-7843-5257-2

Carolyn Menteith
Schöne Hunde
112 Seiten, Klappenbroschur
€ 17,95
ISBN 978-3-7843-5258-9

Erhältlich in jeder Buchhandlung oder unter www.buchweltshop.de

LV·Buch im Landwirtschaftsverlag GmbH · 48084 Münster